"南海油气"丛书

南海油气
勘探开发回顾与展望

NANHAI YOUQI KANTAN KAIFA HUIGU YU ZHANWANG

汪贵锋　秦　菡　王子雯　黄仕锐　覃茂刚　等编著

中国地质大学出版社
ZHONGGUO DIZHI DAXUE CHUBANSHE

图书在版编目(CIP)数据

南海油气勘探开发回顾与展望/汪贵锋等编著. —武汉:中国地质大学出版社,2023.9
ISBN 978-7-5625-5684-8

Ⅰ.①南… Ⅱ.①汪… Ⅲ.南海-油气勘探-研究 Ⅳ.①P618.130.8

中国国家版本馆 CIP 数据核字(2023)第 184808 号

南海油气勘探开发回顾与展望	汪贵锋 秦 菡 王子雯 黄仕锐 覃茂刚 **等编著**
责任编辑:韦有福	选题策划:韦有福 王凤林	责任校对:徐蕾蕾

出版发行:中国地质大学出版社(武汉市洪山区鲁磨路 388 号) 邮编:430074
电 话:(027)67883511 传 真:(027)67883580 E-mail:cbb@cug.edu.cn
经 销:全国新华书店 http://cugp.cug.edu.cn

开本:787 毫米×1092 毫米 1/16 字数:224 千字 印张:8.75
版次:2023 年 9 月第 1 版 印次:2023 年 9 月第 1 次印刷
印刷:湖北新华印务有限公司

ISBN 978-7-5625-5684-8 定价:128.00 元

"南海油气"丛书
编委会

丛书主编：汪贵锋　吴时国

执行主编：王子雯　秦　菡

编　　委（按姓氏拼音顺序）：

方小宇　冯悉尼　黄仕锐　刘艳锐

刘芝京　龙根元　覃茂刚　王艳霞

韦成龙　徐子英　郑建宜

制　　图：秦　菡　冯悉尼　黄仕锐　覃茂刚

郑建宜　王艳霞　刘芝京

《南海油气勘探开发回顾与展望》
编委会

主　　编:汪贵锋

副 主 编:秦　菡　王子雯

编　　委(按姓氏拼音顺序):

黄仕锐　龙根元　覃茂刚　王艳霞

吴时国

制　　图:秦　菡　冯悉尼　黄仕锐　覃茂刚

郑建宜　王艳霞　刘芝京

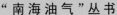

"南海油气"丛书

序

　　南海是我国海洋石油工业的发祥地,油气资源十分丰富。自 1957 年在莺歌海沿岸首次发现油气苗以来,南海油气勘探开发已走过了近 70 年的光辉岁月。我国在南海北部海域已建成年产超 2500 万 t 油当量的油气生产基地,累计生产原油近 4 亿 t、天然气 1300 亿 m³,并且不断地向深水进军、向中南部复杂海洋环境进军。海洋油气勘探开发不仅具有"高风险、高投入、高科技"等特性,而且面临着台风内波等极端海洋环境和复杂的地缘政治形势。近 70 年来,我国海洋油气勘探开发克服了种种艰难困苦,取得了辉煌的成就,经历了自营探索阶段、对外合作与自营并举勘探阶段、滚动勘探开发阶段和自主勘探开发阶段,尤其是在外企大多数投资减少之后,我国的石油工作者刻苦钻研、勇于创新,获得了油气理论创新和勘探新发现,突破了技术瓶颈并研发了关键装备,有力地支撑了国民经济发展!

　　尽管海南省管辖约 200 万 km² 的海域面积,但它的油气产业发展时间较短,基础较薄弱,油气工业发展缓慢。1996 年,琼东南盆地崖 13-1 气田建成投产以来,其年产值仅占同年工业生产总值的 3.92%。为改变这一状况,海南省人民政府自 2006 年开始陆续出台相关政策,大力发展油气产业,2018 年海南省油气产业规模以上工业产值首次突破千亿元,2020 年其产值达 1055 亿元,占工业生产总值的 51.22%,油气产业已成为海南省工业经济的龙头支柱产业。

　　追忆往昔,筚路蓝缕创业实艰辛;凝视当下,捷报频传硕果挂满枝;展望未来,天高海阔扬帆可远航。"历史照亮未来,征程未有穷期。"总结历史和把握现在都是为了走向更美好的未来。深入贯彻新发展理念,加快构建新发展格局,提升南海油气勘探开发力度,巩固成熟油气区的扩边挖潜、增储上产,探索新领域、新层系、深远海,开拓海上丝绸之路经济带能源合作,推动石油工业高质量发展,是保障国家能源安全、维护国家主权、实现"一带一路"倡议目标的具体实践,是加快建设国家生态文明试验区和重大战略服务保障区的需要。推进南海油气勘探开发是海南自由贸易港战略定位赋予海南省地质工作者的神圣使命,更是响应习近平总书记"能源的饭碗必须端在自己手里"的重要举措。

　　"南海油气"丛书,是海南省众多著名专家、学者合作完成的有价值的专业丛书。本丛书作者长期从事南海的石油勘探开发和地质研究工作,在南海油气研究中取得了丰硕的成果,以实际行动支撑了海南自由贸易港油气工业发展;通过广泛的调研收集资料,系统的数据整理和加工,最终完成了这套丛书。本丛书从南海油气资源基础、勘探开发、工业利用等多个角度进行论述,是一套全面介绍南海油气工业全产业链的文献书籍。本丛书主要内容涉及南海常规油气资源、天然气水合物资源、海南自由贸易港和国家"双碳"战略目标,是切合目前国家发展战略需求、体现石油工业特色和鲜明时代亮点的佳作,对南海油气资源勘探开发和海南自由贸易港油气产业发展具有重要的参考价值。

十分高兴海南油气工业的蓬勃发展,乐见众多同仁关心海洋石油事业的发展。值此成果出版之际,作此序以致贺!

"南海油气"

丛书前言

1988年4月13日，第七届全国人民代表大会第一次会议通过关于设立海南省的议定和建立海南经济特区的决议，批准设立海南省，授权管辖西沙群岛、南沙群岛、中沙群岛的岛礁及其海域，划定海南岛为经济特区。海南省陆地面积仅 3.54 万 km^2，虽然它是一个陆域小省，却管辖了约 200 万 km^2 海域面积，因此它又是一个海洋大省。2018 年 4 月 13 日，海南全岛启动建设自由贸易试验区，2020 年 6 月 1 日开启建设中国特色自由贸易港（简称"海南自贸港"）的新纪元。

海南省位于我国最南端，北以琼州海峡与广东省划界，西于我国北部湾与越南相对，东、南面在我国南海中与菲律宾、文莱、印度尼西亚和马来西亚为邻，是 21 世纪海上丝绸之路的"桥头堡"。海南省的行政区域包括海南岛、西沙群岛、中沙群岛、南沙群岛的岛礁及其海域，是我国唯一海洋大省，管辖着南海的大部分海域，是沟通太平洋与印度洋、亚洲与大洋洲的十字路口，是 21 世纪海上丝绸之路建设的核心区域，也是我国和平崛起的战略支点，扼"海上丝路"之要冲，守"蓝色国土"之前哨，区域地理位置具有十分重要的战略意义。

海南省人口少，市场不够活跃，经济基础水平受到地理条件限制，交通、原料、人力等方面没有优势，加之热带风光的环境保护要求，造成工业主导发展不能大面积展开，工业底子薄，总体发展较落后。到 2021 年，全省生产总值才突破 6000 亿元，达 6 475.20 亿元，全省总人口为 10 081 232 人（2020 年第七次全国人口普查结果，2021 年 5 月 10 日公布），人均 GDP 6.42 万元，远低于全国平均水平（8.10 万元）。按不变价格计算，2021 年海南省 GDP 同比增长 11.2%，名义增速最快的地区是受益于石油炼化工业的洋浦区，相比上一年度增长了 34.2%。

海南自贸港既是我国进一步深化改革开放的试验田、西南腹地走向世界的前沿，又是开发利用南海资源的前沿基地，不仅能加快海南省的经济发展，还将重塑南海格局，它有望成为连接内陆和泛南海区域的国际贸易、物流的重要支点，与海上丝绸之路各经济体一起，整合人才、技术、产能等资源，推动泛南海经济合作圈建设，推动南海油气资源和平开发利用。南海是"世界油气资源七大集中区"（中东、里海、加勒比海、西伯利亚、西非、南海、墨西哥湾）之一，蕴藏着丰富的石油、天然气和天然气水合物资源,资源开发潜力巨大,素有"第二个波斯湾"美誉。海南省发展油气产业除了有独特的资源优势之外,还有港口运输优势、"双循环"区位优势和自贸港政策优势。油气产业的发展不仅可以促进海南省经济社会的发展,而更重要的是对缓解我国能源短缺、降低对国外油气的依赖具有重要的作用。

南海是我国海洋石油事业的发祥地。我国在南海北部海域的油气勘探历史悠久,主要经历了自营探索阶段(1980年以前)、对外合作与自营并举勘探阶段(1980—1990年)、滚动勘探开发阶段(1991—2006年)、自主勘探开发阶段(2007年以来)。南海勘探不断取得突破,源源不断地为祖国提供油气资源。从1960年,在莺歌海盐场水道口以南1.5km处钻的第一口井——英冲1井,到崖城13-1气田、陆丰13-1油田群、流花11-1大油田、荔湾3-1深水大气田、深海一号(陵水17-2)的开发,南海北部海域实现了油气并举开发的跨越式发展。我国地质工作者通过不断提升理论认识和科研水平,相继攻克多项关键核心技术,创新深水、高温高压天然气成藏理论,突破高温高压钻井、低阻油藏识别、深水钻完井等难题,实现了我国自营勘探开发的第一个深水大型气田(深海一号)的正式投产,同时使海上油气勘探开发装备的核心零部件国产化制造、装配工艺及海上安装等多项技术加大升级,数字化、智能化油气田和炼厂建设的不断推进,极大促进管理的变革,实现海上勘探开发降本增效,也提高了后勤保障的响应速度。目前,南海北部海域已建成规模较大的油气生产基地,2022年年产量超过2800万t油当量,成为我国海上第二大能源基地。

海南本岛福山凹陷的油气勘探自1958年开始,历经地质普查(1958—1975年)、石油会战(1976—1984年)、对外合作(1985—1988年)和自营勘探(1988年至今)4个阶段,1999年9月9日实现工业突破,2000年试生产原油突破1万t。目前该区域有花场、朝阳、美台、永安、白莲等油气田投产,建成了40万m³油气当量的年产能,截至2019年9月,已累计生产原油355万t,天然气27亿m³,完成投资100亿元,产值155亿元,缴纳税费33亿元,为海南经济发展做出较大贡献。

1996年初,琼东南盆地崖13-1气田建成投产,开创了海南省油气资源开发利用的新历程。1997年至2005年为海南省油气产业的起步阶段,从2006年开始,海南省油气产业逐渐发展壮大,2018年,海南省油气产业规模以上工业产值达1005亿元,首次突破千亿元,占全省规模以上工业产值的45.2%。在海域油气探采相关产值未完全纳入海南省统计的情况下,油气产业就已经成为海南省工业经济的龙头支柱产业。

经过多年发展,海南省已经初步形成了集"勘探、开发、加工、仓储、物流、销售"于一体的较为完整的油气产业体系,为国家重大战略服务保障区的建设提供了产业支撑。上游勘探开发业务方面,海上中国海洋石油集团有限公司(简称"中海油")在海南设立分公司和陆上中国石油天然气集团公司(简称"中石油")海南福山油田勘探开发有限责任公司共同构建了海陆并举新格局。中游管道网络建设持续完善,天然气主干管道总里程达947km,环岛天然气主干管网闭合成环,覆盖沿海12个市、县。下游油气加工产业形成了"三个龙头和三条产业链",即以海南炼化为龙头的石油化工产业、以中海化学为龙头的天然气化工产业、以东方石化为龙头的精细化工产业。

"南海油气"丛书是长期从事和关注海南油气产业发展的研究人员在大量研究工作的基

础上,结合国家战略、海南经济社会发展需要,分析总结提炼而成的。丛书以介绍整个南海地质背景为开端,重点叙述南海北部海南岛周边四大近海盆地、兼顾中南部诸盆地油气成藏地质条件和勘探开发历程,在充分分析研究的基础上展望了我国南海油气勘探开发前景,最后聚焦海南油气产业发展,提出了相应的对策建议。全套丛书共分为三册,其中,《南海油气地质概况与资源基础》由黄仕锐、龙根元、吴时国等主笔,主要介绍南海地质概况、常规油气和天然气水合物资源成藏地质条件及其资源潜力等;《南海油气勘探开发回顾与展望》由汪贵锋、秦菡、王子雯等主笔,主要对南海油气资源的发现和勘探开发历程进行了系统梳理,对勘探开发现状与形势进行了认真总结,对勘探开发前景做出了分析与展望,并相应地给出了建议;《南海油气工业利用与发展战略》由王子雯、郑建宜、王艳霞等主笔,主要介绍国内外油气工业发展情况、南海油气工业发展现状、油气产业最新发展动态、"双碳"战略目标给油气产业带来的挑战和机遇,并就海南油气产业发展提出了相对应的战略建议;汪贵锋、吴时国最终统稿。参加本丛书编写、制图等工作的人员还有韦成龙、方小宇、覃茂刚、冯悉尼、刘芝京等同志,限于篇幅不一一列举。在此,向辛勤付出的同志们道一声辛苦了。

值此"南海油气"丛书出版之际,谨向为编写本丛书付出辛勤劳动的专家、学者,以及关心支持南海油气产业发展的所有同仁表示衷心的感谢! 由于笔者水平有限,不足之处在所难免,恳请各位读者批评指正。

前言

PREFACE

新生代以来,南海广泛接纳以三角洲相、滨海-浅海相为主的碎屑岩、礁灰岩、碳酸盐岩沉积,主要发育 23 个含油气盆地,面积约 116.755 万 km^2,具备石油天然气的生成、运移、储集、保存等优越的成藏地质条件,是油气形成的有利场所,预测的地质资源量为石油 266.42 亿 t、天然气 44.545 万亿 m^2、天然气水合物大于 800 亿 t 油当量(中华人民共和国自然资源部,2018)。

自从 1957 年在莺歌海沿岸发现油气苗以来,我国在南海油气勘探已经历了近七十个年头。在历时半个多世纪的时间里,我国南海油气勘探开发行业,从无到有,从小到大,从弱到强,取得了一系列成果,为祖国的油气事业做出了重大贡献。

我国的海洋石油工业是从南海起步的,海南岛周边海域是中国海洋石油事业的发祥地,油气勘探历史悠久,可以分为 4 个阶段。

(1)自营探索阶段(1980 年以前):1957 年,首次在莺歌海发现油气苗;1960 年,用"墩钻"的方式在莺歌海盐场水道口以南 1.5km 处钻了第一口井——英冲 1 井,这是我国海上的第一口发现井;在英冲 2 井,捞出了 150kg 原油,这是我国海洋石油的第一桶原油;1964 年,首次使用我国自己建造的第一套海上钻井装置——浮筒式钻井平台,在莺歌海盆地钻探了我国海上第一口石油探井——海 1 井;1979 年,在琼东南盆地发现"莺 9 井"油气流井。

(2)对外合作与自营并举勘探阶段(1980—1990 年):以背斜成藏和煤成气理论为指导,钻探多口井。南海西部油气区发现崖城 13-1、文昌 19-1、文昌 9-2 等油气田;南海东部油气区发现惠州 21-1、惠州 26-1、西江 30-2、陆丰 13-1、流花 11-1 等油田。

(3)滚动勘探开发阶段(1991—2006 年):1993 年 10 月 6 日,国务院副总理康世恩题词:奋发图强,开发南海大气区。以高分辨率地震勘探与高压地层压力预测、勘探开发一体化与井壁稳定钻井为技术基础,以底辟构造成藏理论及集束勘探和滚动勘探理念为指导,地质工作者在南海钻探多口井,如南海西部油气区发现东方 1-1、乐东 22-1/15-1 气田,以及文昌 13-1/2 等大中型油田,发现崖城 13-4/6 气田,文昌 15-1 油田等一批中小油田(群),投产 6 个油田、2 个气田;南海东部油气区发现惠州 32-3、惠州 19-3、番禺 4-2、番禺 5-1 等油田,投产 15 个油田。

（4）自主勘探开发阶段（2007年以来）：以高温高压和隐蔽油气藏理论为指导，钻探多口井，高温高压和深水区等新领域取得突破，发现东方13-1、陵水17-2、陵水25-1、文昌13-6油气田及多个中小油田（群）。本阶段的特色技术是高温高压钻井技术和低阻油藏识别技术。

"南海油气"丛书之《南海油气勘探开发回顾与展望》主要内容是海洋油气产业的上游部分，详细介绍了海洋油气勘探开发的特点，指出了南海油气勘探开发的独特之处，梳理总结了南海油气勘探开发起步与发展的艰辛历程，详细分析了勘探开发现状和面临的形势，展望了南海油气勘探开发前景，并提出可行建议，可为政府制定相关政策提供参考。通过本书，读者可触摸到南海油气资源勘探开发行业发展的历史经纬，了解现状并对发展前景充满期望和信心。

本书是长期从事南海海域油气资源勘探开发相关研究的工作团队共同努力的成果结晶。第一章至第四章由秦菡主笔，王子雯、黄仕锐做了大量的研究工作，前言、第五章、第六章、第七章主要由汪贵锋编写，王艳霞做了许多辅助工作，制图主要由秦菡、覃茂刚、郑建宜、王艳霞、冯悉尼、刘芝京等完成，最后由汪贵锋统阅定稿。

本书在编写过程中得到了自然资源部油气资源战略研究中心、信息中心、中国地质调查局，中国科学院三亚深海科学与工程研究所，南方海洋科学与工程广东省实验室（湛江），海南省自然资源和规划厅，海南福山油田勘探开发有限责任公司，中海石油（中国）有限公司海南分公司领导、专家的大力支持与帮助；受到三亚崖州湾科技城科研项目"海底分布式光纤地震系统及应用示范"（SKJC-2020-01-009）、海南省院士创新平台科研专项"琼东南盆地三气合采试验区的工程地质风险评价及应用研究"（YSPTZX202204）、国家自然科学基金委员会-广东联合基金（重点）项目"南沙海区减薄陆壳裂陷盆地构造演化及特色深水油气系统"（U1701245）等的资助，在此一并致以最诚挚的感谢。

由于笔者水平有限，书中难免挂一漏万，又或者存在偏差谬误，还请广大读者朋友不吝赐教。

编著者

2023年3月于海口

CONTENTS 目 录

第一章

风急浪高 海洋油气挑战多

第一节 海洋油气勘探开发特点

海洋油气的勘探开发是陆地油气勘探开发的延伸和拓展,经历了一个从浅水到深海、从简易到复杂的发展过程。海洋油气勘探与陆地油气勘探尽管有一些共同之处,但受恶劣的海洋自然地理环境和海水物理化学性质的影响,海洋油气勘探投资高、技术手段要求高、风险大等劣势凸显。但是,海洋油气勘探也具有一些优势,由于交通便利和使用特殊的仪器设备,海洋油气勘探具有很高的工作效率。在海洋地震勘探中,地震船沿测线边前进边测量,施工作业效率比陆地高。

海洋油气勘探与陆地油气勘探的技术差异主要体现在以下几个方面。

1. 自然地理环境的差异

从海洋自然地理环境可以看出,海上的台风所形成的巨浪、狂风常常威胁到各国石油勘探开发公司人员的人身安全和财产安全。海洋油气勘探人员必须要克服澎湃汹涌的怒涛、狂风掀起的海浪等困难,而且勘探开发人员的活动空间仅仅限于勘探船、钻井船或钻采平台上,并不像在陆地上那样具有较大的活动空间。

2. 勘探方法的差异

从理论上说,陆地上的油气勘探方法和技术在海洋油气勘探中都是适用的。但是,受恶劣的海洋自然地理环境和海水物理化学性质的影响,许多勘探方法和技术的应用都受到了限制,例如,陆地上的地面地质调查法在海洋中很难大规模展开;陆地上的重力、航磁、电勘探到海洋中需要转到勘探船上进行,并且测量的结果在一定程度上受到海水深度及海水物理化学性质的影响。

3. 钻井工程的差异

与陆地上简单的井架钻井相比,海上钻井工程设备的结构要复杂得多,主要包括坐底式平台、小型自升式平台、大型自升式平台、钻井船和半潜式平台等。由于受海洋自然地理环境的影响,海上钻井工程设计时要考虑风浪、潮汐、海流、海冰、海啸、风暴潮、海岸泥沙运动以及海洋的水深、海上钻井设备的搬迁拖航等因素的影响。因此海洋钻井工程的结构设计更复杂,制造成本是陆地井架钻井工程的几倍甚至几十倍。

4. 投资及风险的差异

由于受海洋特殊自然地理环境的影响,与陆地油气勘探相比,海洋油气勘探的投资大幅度增加,一般是陆地油气勘探投资的3~5倍。勘探投资主要体现在海上钻井设备的设计和制造、海上钻井设备的搬迁拖航、海上钻井施工过程中的后期补给、海上钻井工程技术人员的薪酬等方面,这些勘探投资都要比陆地上高得多。尽管目前的天气预报可以提前为海洋油气勘探开发提供有价值的气象资料,使海上工程技术人员能够对风浪等恶劣的自然条件提前采取一些有效的预防措施,但是每年还是会发生一些海上钻探事故,造成一定的损失。

5. 海洋钻探与内陆基底之间的联系

与陆地一样,海洋油气勘探开发的重要手段是钻探,海上钻井平台与陆地之间的联系是海洋油气作业必须解决的问题。目前各国海洋油气勘探开发与内陆基底之间的联系主要通过船舶、海上栈桥、海底隧道、直升机等进行。

6. 导航定位技术差异

在茫茫无际的大海上,毫无地形地物标志,如何进行导航定位,如何克服海浪引起的勘探船体摇晃,是海洋油气勘探与陆地油气勘探的又一差别。目前海洋油气勘探主要采用两种导航与定位技术,即无线电定位技术和卫星定位系统。

7. 海洋比陆地油气勘探开发的优势

虽然海洋自然环境的特殊性使得海洋油气勘探受到了巨大的限制,但是大陆架特殊的地质构造和沉积条件使得海洋油气勘探具有一定的优势。海洋油气田多具有岩性单一、埋藏不深、油气层厚度较大、分布范围广、连通性好、油气藏类型多样、油气层压力大、能量较高等特点,所以开采效率较高。

因此,与陆上石油工业相比,海洋油气工业可总结出高风险、高投入、高科技的"三高"特点,主要体现在如下几个方面。

(1)高风险。海洋油气勘探面临多个方面的风险:第一,安全风险,海洋油气作业具有自然条件恶劣、生产生活空间有限、生产作业设施集中、技术难度大、装备复杂的特点,极易引发安全事故;第二,环境风险,海上事故发生后,由于距离陆地遥远,救援难度大,可能造成油井废弃、海水污染、生态破坏等无法估量的结果;第三,勘探风险,海洋油气勘探现在面临高温超高压(比如莺-琼盆地)、深水、超深水等复杂地质环境,勘探成功率极低;第四,用海矛盾,海上石油矿区,经常和环境保护区、渔业作业区有叠置现象,特别是有些矿区位于国境线附近,有领土纷争,可能会导致外交矛盾。

(2)高投入。海洋油气开发需要特殊的装备,即功率更大,精度更高,海上钻井必须采用专门的钻井船和大功率的海洋钻机,海上钻井设备的搬迁拖航、海上油气的集输、海上钻井施工过程中的后勤补给、海上钻井工程技术人员的工资与保险等方面的投资都要比陆地上高得多,使得每口钻井的成本比陆地高5~10倍。海上油气的储运设备需要适应海洋的特殊环

境,海上作业费用高,受气象条件影响大,相对于陆地上其投入也更大。

(3)高科技。海洋石油工业涉及的技术更广泛、更先进,除了石油勘探开发外,还包括海洋工程、造船工程、防腐蚀技术、环保技术等学科,同时为了降低钻井成本,海上油气田普遍采用定向井、水平井、水平分支井等高科技钻井手段。科技是第一生产力,是对油气勘探开采长远发展起长效作用的基础性因素,在抓生产建设的同时更要抓科技创新,要保证有足够的科技投入,不断夯实勘探开采单位的科技基础,提高科研水平,使科技成为行业发展的核心竞争力。以中海油为例——针对我国海洋石油工业发展中存在的重大关键技术进行攻关,中海油成立了海洋地球物理、提高采收率、边际油田开发工程技术、深水工程、重质油利用、非常规勘探开发、海洋石油工业腐蚀防护、测井与定向钻井、海上钻井液与固井等多个重点实验室,同时组建了石油工程技术中心,为科技创新提供技术保障。

第二节 南海油气的独特"魅力"

一、海洋环境特殊

南海的油气开采堪称"蜀道难,难于上青天"。从地理角度来看,南海归属于太平洋海域,对于石油勘探与开发来说,全世界最恶劣的钻井作业环境,就是中国南海。

南海环境条件特殊,海洋环境复杂,是我国海洋灾害最严重的地区之一,不但种类多而且灾害影响范围大、损失严重,如台风、风暴潮、海浪、地面沉降、海平面上升、人为因素诱发的海岸侵蚀等。尤其是远离大陆的南沙诸岛屿,基础设施薄弱,抵御自然灾害的能力差,在相当大的程度上影响和阻碍了我国对南海油气资源的开发利用。

西北太平洋地区是世界上台风(热带风暴)活动最频繁的地区,台风过境时常带来狂风暴雨天气,引起海面巨浪,影响海上作业,常会造成生命财产损失。1983年10月25日美国阿科石油公司租用美国爪哇海号钻井船,在我国海南岛西南100km处进行钻井作业时,遇到当年第16号台风而倾覆,船上81名石油员工全部遇难,足见南海钻井作业条件之恶劣。除台风等海洋灾害外,南海还拥有"独特"的灾害海况——内波(internal wave)、海底滑坡等,这些都使得深水油气开发工程设计、施工、建造面临更大的风险和挑战。

二、地理位置独特

南海约70%的油气资源分布在深水海域,约66%的油气资源分布在远离海南本岛的中

南部海域诸盆地,因此,深远海油气资源量占了整个南海油气资源的大部分。

深远海油气勘探开发首先面临的就是后勤和安全保障的挑战。强大的后勤补给能力是南海油气勘探开发的必要保障条件,尤其是深远海,对前线油气开采作业来说,就是提供"弹药"的后方,缺少及时的物质保障和服务保证,油气的开采工作将会失去基础和动力,就很难在油气开发上"大展拳脚",即使勉强开展油气作业,取得的效果也是不理想的。同样因为距离遥远,海上油气作业平台的安全也不能做到万无一失。

在南海深远海油气开发中,要面临的另一个重大问题是油气转运。比如从南沙岛礁到海南岛最近的距离也有1000多千米,石油开采出来后首先面临的是如何从海上运回到陆地上的问题。长距离深海管道运输存在成本和技术风险高的挑战,浮式生产储油卸油装置(floating production storage and offloading,FPSO)同样存在因距离太远导致成本高的问题。

三、地缘政治复杂

南海是世界能源开发与能源安全的焦点,其所蕴藏丰富的油气资源受到世界诸多国家的持续关注。20世纪60年代南海海域石油储藏前景被揭示后,南海周边国家持续攫取南海油气资源,试图在南沙部分岛屿归属和南海海上划界问题未解决之前,造成油气开发的"既成事实"。域外第三方油气公司的纷纷介入使得南海油气争夺战日趋激烈。

纵观国际争议海洋区域的合作开发历史,油气资源的开发经历了从无序到有序、从冲突到和平、从各自为政到合作开发的发展过程。长期以来,我国在南海油气资源的勘探和开发问题上保持了克制,提出并倡导"搁置争议、共同开发"的原则。随着南海形势的变化,我国在南海油气开发方面的政策有了一定调整,通过加大自主开发、有效制约第三方介入、全面统筹、科学规划等措施,扭转在南海油气开发中的被动局面,切实维护海洋权益。

第二章

小小油苗 南海油气大序章

20 世纪 50 年代,中国石油地质学家按"以陆推海"的理念,从对广东(包括海南岛)、广西陆地地质规律的认识中,建立了对南海海域石油地质条件的初步认识。

然而,1965 年越南战争不断升级,美国飞机、军舰不停地在莺歌海附近游弋,石油工业部决定暂时停止在南海的勘探作业;1972 年燃料化学工业部召开专门会议,研究南海海域、沿海陆地的勘探问题,决定恢复海上石油勘探作业。1973 年 2 月 14 日,燃料化学工业部正式给广东省行文,成立南海石油勘探筹备处。一直到 1980 年,我国南海油气勘探开发尚处在自营探索阶段,受资金和技术的限制,此阶段油气勘探总体来讲还是发展缓慢,但为以后的发展奠定了良好的基础。

第一节　油气苗的发现

在海南岛西南部乐东县境内,有一个突出的犄角,犄角的尖端处散布着几个小村落,统称为莺歌海村(现为莺歌海镇)。1945 年抗日战争胜利前夕,莺歌海渔民曾汉高、曾汉龙、何发在捕鱼时亲眼看到海上有气泡和油花冒出。

1956 年的一天,莺歌海当地驻军放映一部介绍里海巴库油田的苏联纪录片,纪录片里出现海上冒气泡的镜头,渔民们才知道那是石油天然气,是国家紧缺的东西。于是,为了响应国家全民报矿的号召,郑光兴等渔民首先向莺歌海盐场报了矿。盐场一级一级地向上报告到了广东省地质局、石油工业部以及中国石油研究院,并引起了各级领导的重视。

1956 年 12 月,石油工业部委托莺歌海盐场代取气样。于是,盐场派人用铁皮做了一个大漏斗,漏斗上接一条胶皮管,胶皮管的另一端插入装满水的玻璃瓶子里,然后划船到冒气泡的海面,将漏斗倒扣在冒气的地方,用排水取气法取到了气样。同时,盐场还派熟悉水性的渔民进行潜水观察。盐场人员对油气苗进行了 9 次调查,将调查情况写成材料,与采集到的标本一起报送石油工业部和广东省盐务局。石油工业部接到莺歌海盐场的调查报告后,决定派在四川与天然气打过交道、有采集和鉴定天然气经验、正在北京学习的地质技术人员马继祥前往莺歌海考察油气苗,了解当地的地质构造情况。

1957 年 4 月,马继祥来到莺歌海,在海南区党委部门和莺歌海盐场的支持和帮助下,开始了油气苗的调查工作(图 2-1)。他用罗盘测量了冒气泡的走向,用排水取气法取了三瓶气样,装了一袋有油膜的海水,并当场打开一瓶气样,用火点燃,只见火焰呈蓝色。为了进一步了解海底地质情况,他派潜水员潜入海底观察地形和气泡冒出情况,并取到了气样和岩石样品。他在盐场勘测队的协助下,乘着小船进行水文调查,用重锤和量绳测出了海上油气苗处的水

深为 13m,距海岸 1.5km,海底坡度不大。接着,他又绘出了地质剖面图,通过调查得出这样的结论:在冒气泡的地方,海底岩石坚硬,为古近纪和新近纪的地层;海底裂缝走向 110°～112°,与海岸露头走向一致;采集的气体可燃,火焰浅蓝,有硫化氢气味。最后,他把调查结果向石油工业部作了汇报。

图 2-1　马继祥赴莺歌海开展油气苗调查工作

　　1957 年 5 月,广东省石油管理局海南勘探大队 104 地质队雇用一条小木船,对海南岛陆上及西南沿海感城(岭头)—莺歌海—三亚一带开展了石油地质普查和系统的油气苗调查工作,在斜坡带浅海工区发现和落实 39 处油气苗(图 2-2),是油气沿新近系断裂上升时形成的,编绘了 1:20 万的油气苗分布图。

　　1963 年 6 月,茂名页岩油公司地质处派 109 浅海地质队到莺歌海系统收集区域地质调查资料、海上地震资料、钻孔资料,对油气苗进行调查落实,并对落实的海上油气苗进行统一分类、编号,注明位置、状况,然后重新整理编制了油气苗分布图(图 2-3),并提出油气苗综合研究成果:油气苗产出与小背斜轴部裂缝有密切关系,油气是从新近系砂层中产出,沿裂缝向上缓缓运移的结果,

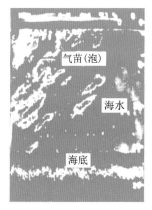

图 2-2　油气苗位置及图像
(据黄保家等,1992)

推测向西南延伸不远处会有大型莺歌海含油气盆地存在,海上油气勘探应主攻莺歌海。此后有关工作者相继在莺歌海海域做了地震、重力、航磁等勘探工作,在对早期发现的油气苗位置重新核准的基础上,共确定油气苗逾百处,其中新发现的有 60 多处。

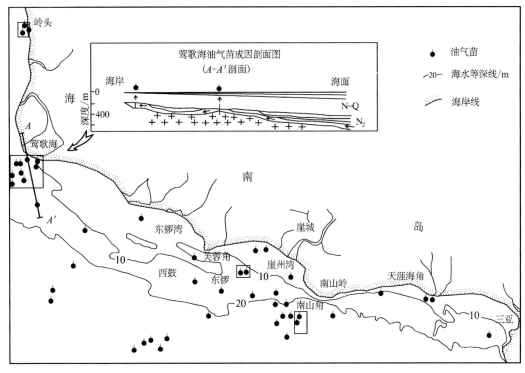

图 2-3 莺歌海浅海油气苗分布示意图（据何家雄等，2000）

第二节 石油钻探

海洋油气的勘探开发是陆地石油勘探开发的延伸，经历了由近及远、由浅入深、由易到难的发展过程。因此，我国海洋油气事业在早期探索阶段的钻探工作主要集中在近浅海的莺歌海盆地和北部湾盆地。自营探索阶段石油钻井位置见图 2-4。

一、莺歌海盆地钻探

（一）海洋油气钻探第一井——"莺浅井"

1958 年 5 月初，石油工业部派出的调查组一行六人分成两组：一组到茂名盆地，另一组到海南岛南部，进行更为广泛深入的油气苗调查。到海南岛南部的地质人员先到陵水、保亭、

注：此时琼东南盆地与莺歌海盆地合称为莺歌海盆地。

图 2-4　自营探索阶段石油钻井位置示意图

通什等地的群众报矿点考察,发现那些地方的"油苗"原来是氧化铁经水溶解后的漂浮薄膜,于是他们把考察的重点转到莺歌海。1958 年 7 月初,地质人员到达莺歌海盐场,除了采集气样外,还获得了大量岩石标本。

1958 年 11 月,地质部门批复了在莺歌海近岸陆地打井的项目,由广东省地质局拨款,总体项目由海南地质分局负责,石油工业部研究院、广东省地质局、海南地质分局商议决定在莺歌海近海处打井,并命名为"莺浅井"。"莺浅井"一共打了 3 口,拉开了南海油气钻探的序幕。然而由于海洋和陆地属于不同的地质构造,打了 400 多米未找到油气。但这次钻探结果证实:莺歌海地域沉积盆地主体肯定在远离陆地较深的海区。

油气苗调查工作组撰写了一份《广东省雷州半岛及海南岛北部湾盆地以及莺歌海西南海域油气远景报告》,大胆预测:"雷州半岛—海南岛北部(含北部湾海域)是一个新生界沉积盆地,莺歌海西南海域有另一个更大的沉积盆地。"这一推测,后来成为石油工业部开展南海海域石油勘探的重要地质依据。

(二)海洋油气第一桶金——"英冲井"

1960 年,广东省石油管理局决定再派遣勘探大队下海打井,海南人民对此予以了大力支持。海南勘探大队从广州水运局租来了一条方驳船和打井用的冲击钻(海南水晶矿停产后移交到石油局勘探大队的),而所谓井架,也就是三条腿的铁架,大约有 3m 高(图 2-5)。

1960 年 4 月,这条方驳船被拖到莺歌海盐场以南离岸 1.5km 的海面上,冲击钻安装在驳船的侧面,略往海面倾斜,后面用钢丝紧紧地拉着。在中国海洋石油工业

图 2-5　"英冲井"井架示意图

史上赫赫有名的"英冲 1 井"就用这样的"工具"开钻了。"英冲 1 井"打到 26.28m 完钻,"英冲 2 井"打了 21.62m,到打"英冲 3 井"时,井架刚支起就被一场台风刮到海里去了。但令人兴奋的是,"英冲 1 井"和"英冲 2 井"均有油气显示,"英冲 2 井"下套管后用一个多月时间捞出 150kg 低硫、低蜡原油。这是中国人第一次在海上捞出的原油,中国广袤的海洋上终于绽开了油气第一枝"报春花"!

(三)第一座钻井平台开钻"海 1 井"

1963 年 6 月,茂名页岩油公司筹建处设立地质处,开展南海钻井试验;11 月 12 日起,由张东元任组长成立设计组,提出 5 个方案:人工岛、打桩、把万吨巨轮抛锚固定、活动钢架和浮筒结构等,经过分析比较,浮筒式结构移动性能好,浮起可以拖航,沉在海里可作平台打井,比较适合打探井。设计组用 73d 设计并建成了中国第一座浮筒结构移动式钻井平台(图 2-6)。

图 2-6 中国第一座浮筒结构移动式钻井平台在莺歌海近海附近钻井

平台以两个 500t 浮筒作基础,上面连接钢脚架,安装 B3-1000 钻机。平台于 1964 年 1 月 24 日由当时华南最大的约 882kW 的"航工一号"船从广州起拖,经琼州海峡、北部湾,于 2 月 2 日到达莺歌海井场。井位离岸 4km,水深 14.56m。1964 年 3 月 1 日中国南海近岸第一口探井"海 1 井"开钻,在 242~292m 井段有较强荧光显示,3 月 11 日在井深 388m 中生界花岗岩中完钻,捞获原油 3kg,含 15%甲烷及少量重烃。

1965 年初平台成功进行起浮和移位,3 月 1 日在离岸 8km、水深 15.3m 处钻"海 2 井",井深 143.09m,遇中生界花岗岩完钻,在井段 125~135m 新近系上新统望楼港组测井解释为油层,捞出 10kg 低硫、低蜡、低凝固点原油。3 月 11—20 日地质人员又在莺歌海新村背斜轴部,离岸 11.6km、水深 14.5m 处钻"海 3 井",完钻井深 312.25m。

(四)莺歌海天然气发现第一井——"莺2井"

1978年4月2日用"南海2号"半潜式钻井平台,在离岸146km、水深94.54m、莺歌海乐东8-1构造上钻"莺2井"(图2-4)。在钻进到新近系莺歌海组上部泥岩地层时有全烃高达46%~69%的连续气测显示,录井综合解释气层22m。在井深2335m处发生强烈井喷,因地层垮塌未能进行正常完井测试,但这次在莺歌海海域首次发现了天然气。

(五)其他

1977年3月,用"南海1号"自升式钻井平台在莺歌海盆地,离岸30.5km、水深50m处钻"莺1井"(图2-4),解释气层3.8m,10.5m差油层,钻入寒武系基底完钻,未测试。

1979年10月,用"南海2号"半潜式钻井平台在莺歌海盆地离岸69km处钻"莺6井"(图2-4),在井深2500m白垩纪地层中完钻,在梅山组见荧光显示,测试产水,证实新近系有生物礁存在。

二、北部湾盆地钻探

(一)地层划分对比依据——"涠浅1井"

早在20世纪60年代,地质工作者先后在涠洲岛、福山凹陷和雷州半岛上钻探了少量浅井。1963年茂名页岩油公司将钻机运到北部湾的涠洲岛张公村施钻"涠浅1井"(图2-4),1964年2月完钻,井深1164.42m,取芯进尺1131.42m,芯长237.57m,钻穿新近系及渐新统上部涠洲组和基底石炭系石灰岩,成为北部湾地层划分对比的依据。

1963—1965年,地质工作者相继在北部湾盆地南部钻了5口浅井,发现了一套新近系海相地层和少量古近系涠洲组及白垩系。另外,在雷州半岛上也钻了一些浅井,最大井深1201m,然而上述各井均无油气显示。

(二)涠洲11-1油田发现井——"湾1井"

1977年8月,在涠洲11-1构造上的第一口探井——"湾1井"(图2-4),由"南海1号"钻井平台正式开钻,同年9月完钻。该井距北海市85km,水深39.2m,完井后在古近系始新统流沙港组第三段用20mm油嘴测试,获工业油流,日产原油50.53m³、天然气3537m³。该井证实了流沙港组一段、二段和三段有良好的烃源岩,并在流沙港组三段测试获得油流,这是南海首获油流,发现涠洲11-1油田,"湾1井"也成为北部湾第一口工业油气发现井。

紧接着钻"湾2井"、"湾3井"(落到圈闭外)、"湾4井"和"湾9井",其中"湾2井"和"湾9井"在流沙港组三段获油流,"湾9井"在石炭系灰岩基底中见油,"湾4井"在石炭系石灰岩基底中测试,获原油98.06m³/d、天然气1.4×10⁴m³/d和水150m³/d。这些事实证实了涠洲11-1油田是具有砂岩和石炭系石灰岩储层的油田。

(三)涠洲 11-4 油田发现井——"湾 5 井"

1978 年 12 月 27 日在北部湾离北海市 103km 处,用"南海 1 号"自升式钻井平台完钻"湾 5 井"(图 2-4),在中新统角尾组发现 24m 油层,1979 年 1 月 8 日测试自溢获 97.8m³/d 油流,发现涠洲 11-4 油田。

(四)乌石 16-1 含油构造发现井——"湾 11 井"

1979 年 5 月 12 日在乌石 16-1 构造上用"南海 1 号"自升式钻井平台钻"湾 11 井"(图 2-4),发现始新统流沙港组一段油层,2 705.8～2 720.0m 井段测试获油流 56.1m³/d,发现乌石 16-1 含油构造。

三、其他

(一)珠江口盆地的灾破井——"珠 5 井"

1979 年 8 月在西江凹陷番禺 3-1 构造上钻"珠 5 井",于井深 2314～2838m 处钻遇中新统珠江组砂岩油层,对其中 3 个井段分 2 次测试(图 2-7),合计日产原油 295.7m³,发现了西江 34-3 含油构造。这一发现证实珠江口盆地具有油气成藏条件和良好的油气勘探前景,是珠江口盆地勘探的重要突破。

图 2-7 "珠 5 井"测试

(二)琼东南盆地首获油流井——"莺 9 井"

1979 年 5 月用"南海 2 号"半潜式钻井平台,在离三亚 55km、琼东南盆地松 3-22 构造上钻"莺 9 井"(图 2-6),至花岗岩基底处完钻,完钻井深 2850m,测井解释 2 505.0～2 525.4m 处有 20.4m 油层,测试获 37.64m³/d 油流。这是在琼东南盆地首获油流。

(三)南海第一口综合井——"西永 1 井"

1973 年初,因为我国在南海上还没有钻井平台、供应船,所以无法到远离陆地的海域作业。经过反复研究讨论后,钻井队决定到西沙钻一口探井,把岛屿当作大平台,主要目的是取得南海的打井资料,该探井既是资料井也是研究井。经过半个多月的持续工作,探井队共勘查了 12 个岛屿,最后在永兴岛的南端、离北岸码头 1.5km 处选定了井位,并命名为"西永 1 井"(图 2-4)。1973 年 12 月 16 日开钻,次年 4 月 5 日完钻,完钻井深 1 384.6m,1251m 时进入花岗岩基底。新近系厚达 1 247.6m 的生物礁直接覆盖在古生界基底上,基底为绝对年龄 68.9～61.3Ma 的花岗片麻岩。该钻探结果丰富了人们对南海的地质认识。

第三节　地球物理勘探

　　1979 年以前,我国石油工业部、地质部等部门组织开展了大量的地质地球物理调查和地震、重磁调查。1979 年石油工业部与外国石油公司签订南海北部大陆架 331 900km² 海域的 6 个地球物理勘探协议,参与协议的有美国、法国、英国、意大利、澳大利亚、西德、巴西、加拿大、西班牙、日本、荷兰、南斯拉夫共 12 个国家的 37 家石油公司。1979 年 5 月开始,13 艘世界上先进的地震船在 6 个地球物理勘探协议区开始作业,以 4km×4km(局部 2km×4km)测网覆盖了 6 个协议区,见表 2-1。

表 2-1　南海北部大陆架外商地球物理勘探协议区(据《中国油气田开发志》总编纂委员会,2011)

公司名称	签约日期	作业船名	联检日期
阿莫科(AMOCO)	1979 年 11 月 11 日	南海 502 号	—
阿科(ARCO)	1979 年 3 月 19 日	爪哇海号	—
		大西洋海豹号	—
莫比尔(MOBIL)	1979 年 6 月 6 日	敦拉普号	1979 年 8 月 22 日
		纳尔逊号	1979 年 12 月 5 日
埃克森(EXXON)	1979 年 6 月 5 日	布拉沃号	1979 年 8 月 19 日
埃索(ESSO)		塔斯曼号	1979 年 9 月 19 日
雪佛龙-德士古 (CHEVRON‐TEXACO)	1979 年 6 月 9 日	大西洋海豹号	1979 年 8 月 26 日
		卡伦达号	1979 年 9 月 2 日
		塔斯曼号	1980 年 1 月 5 日
菲利普斯(PHILLIPS)	1979 年 6 月 8 日	西方奋斗号	1979 年 8 月 15 日
		朗格瓦 II 号	1979 年 8 月 26 日
		阿尔法号	—

一、珠江口盆地

　　20 世纪 70 年代,南海石油勘探筹备处在珠江口盆地开展了大量的地质地球物理调查,共完成二维地震采集 2.8 万 km,重力采集 2.8 万 km,航磁 12.7 万 km,海磁 4.8 万 km。

　　1974年石油工业部从琼东南到珠江口完成了2条地震剖面,测线长593km;1976年又完成2条剖面,测线长478km。首次用中国自己设计制造的150百万次计算机,处理了中国海洋数字地震剖面,发现了珠江口盆地。

　　1975—1976年,国家地质总局第二海洋地质调查大队,在南海北部大陆架进行了1∶200万海洋地质综合概查,完成单次模拟地震剖面10 256km,磁测14 085km,重力28 094km。

　　1977—1979年,在南海北部2万km² 范围内进行地震普查,主要为6～12次覆盖模拟地震剖面,完成测线14 276km,并做了相应的重力4080km,磁测13 769km;1980年还做了24次覆盖数字地震剖面1800km,模拟地震剖面3999km,重力6413km,磁测5467km。通过这些地球物理勘探工作,划分了珠江口盆地的地质构造单元,初步评价了含油气远景,明确了一批局部构造,为钻探作好了准备。

　　在此期间,1976年、1979—1980年中国科学院还在南海大陆架做了12条磁力剖面,总计7711km,分析了珠江口盆地的地质构造。

　　1979年国务院正式批准国外的9家跨国石油集团(英国、美国等国家)与中国石油天然气勘探开发公司签订"带风险性分阶段合作"的地球物理勘探意向书。1979年到1980年4月在珠江口盆地的阳江、广州、海丰和汕头4个物探区、总面积28.3万km² 的范围内开展海上地震采集、资料处理和解释工作。参与此次普查的外国石油公司共完成综合地球物理普查(包括重力、磁测和地震剖面)测线66 592km。

二、莺歌海盆地

　　1960年春,根据石油工业部北京石油科学研究院副院长翁文波的建议,石油工业部决定由北京石油科学研究院和茂名页岩油公司组建海上石油研究队,基地设在莺歌海。这是中国第一支海上物探队。

　　1960年冬,莺歌海海上物探作业正式运行。由于调入的设备均系陆地勘探队所用,因而事前必须进行防水改装,用高压胶布包电缆,用塑料袋装炸药,用安全套装雷管。地震试验是在莺歌海水道口离岸3km以内的浅水区进行的,先做地震折射试验,再做地震反射试验。

　　1961年5月,石油工业部副部长刘放和广东省省长陈郁到莺歌海试验现场视察后,石油工业部调拨了一台苏式60道光点地震记录仪和两台地震车装钻机,从西安石油仪器厂调拨酒石酸钾钠晶体检波器给研究队。7月,新的试验开始了,海军派来的两艘舰艇,从莺歌嘴至东锣湾、西鼓岛之间离岸10km以内的浅水区进行地震反射波试验并取得了成功,获得了一批拖带放炮的地震记录。

　　1963年4月,石油工业部在对地震记录进行验收后,宣布试验工作结束,批准海上石油研究队正式投入海上勘探作业。10月,租用广州海运局的"南海175号"货轮和从海南石油勘探大队调入一艘载重75t的机动木船进行双船拖带作业,木船作爆炸船,货轮作地震仪器接收船,还用一条小木船作为收放电缆的辅助船。仪器是苏式60道光点地震记录仪,检波电缆用几十个篮球悬吊在海面上进行拖带,用三硝基甲苯(TNT)炸药作震源,海上船采用六分仪定

位。从 1963 年 11 月至 1964 年 5 月,在海南岛莺歌海至三亚水深 30m 的浅海区做了一次覆盖地震调查,完成光点地震测线 1 059.8km,面积 1800km²,在莺歌海油气苗附近发现 1 个小型背斜,莺歌嘴、望楼港、东锣湾、西鼓岛和南山角共 5 个鼻状构造以及一些断裂。

1964 年 12 月至 1965 年 6 月,研究队先后租用广州海运局的"南海 174 号"货轮和"新华号"客轮在海南岛西部从莺歌海至八所浅海区做了一次覆盖地震调查,完成地震测线 1242km,面积 7200km²。地震资料解释结果显示,在海南岛西端有一个由海南岛向西延伸的构造脊(以后的地震资料也证实这一构造脊的存在),是北部湾盆地和莺歌海盆地的地质分界线。

三、北部湾盆地

1963 年 7—11 月,地质部航空物探大队 904 队进行北部湾及雷琼地区 1∶100 万高精度航空磁力测量,共测 13 557km,首次发现并圈出了北部湾坳陷区,面积大于 2.872km²,中、新生界沉积层厚达 2000～3000m,并于次年 6 月提交《北部湾及雷琼地区航空磁测结果报告》,对含油气性做出评价。

1964—1965 年,航空物探大队在海南岛北部临高以西浅海区,开展了少量浅海地震工作。

1970 年 4 月,地质部南京海洋地质科学研究所派出先遣队,首先到雷州半岛进行踏勘,同年 9 月国家计划委员会决定将南京海洋地质科学研究所整体迁往广东湛江,改名为第二海洋地质调查大队,先后开展北部湾的 1∶100 万和 1∶50 万地震、重力、磁力调查。

1973—1974 年,第二海洋地质调查大队选择比较有利的涠西南地区进行 1∶20 万地震普查和 1∶10 万测线加密。前后 4 年完成勘查面积 3 万多平方千米,地震测线 4 514.5km,重力工作量 70 872 个点,海磁 10 480km,地质取样 1023 个。结合以往航磁资料,初步划分了北部湾盆地的地质构造单元,说明涠洲岛以南至北纬 20°附近为隆起与凹陷相间的坳陷带,由 5 个凹陷组成,东部 3 个凹陷伸展至陆上,预计古近系和新近系厚达 3000m,推测为含油远景地区,其中以涠西南凹陷远景最好。

1973 年 10 月,第二海洋地质调查大队编写了《北部湾地质构造基本特征与含油气远景预测报告》和《北部湾地质构造体系及含油远景评价报告》,对海区区域地质、地层划分、沉积特征、构造特征、含油气远景预测作了详细论述。报告中将北部湾的构造区分为北部隆起、中部坳陷、南部隆起 3 部分,中部坳陷又分为涠洲等 5 个凹陷带和斜阳等 5 个拱褶带,新生界沉积厚 3500～4000m,并据沉积层厚薄、可能生油条件、距油源区远近以及构造发育情况,划分出 4 个级别的油气远景区,其中涠西南背斜带(凹陷)及涠洲大断裂等属 Ⅰ、Ⅱ 级远景区,被认为是最有希望的含油远景地区。

1979 年首次与美国阿莫科石油公司签订物探协议,在北部湾南部海区完成地震测线 264km。

第三章

「南海油气」丛书

借力使力 引入外资促发展

改革开放打开了国门,我国海洋石油工业借着这股春风,步入一个崭新的时期,走上了对外合作、引进国外资金与技术、加大勘探开发力度、高速发展的道路,南海油气勘探开发开启了对外合作与自营并举勘探阶段(1980—1990年)。在这一阶段,我国引进了大量的先进经验、技术,通过区块的开放、合作开发,无论从勘探、开发、生产建造还是管理水平都取得了质的飞跃。该阶段用了短短10年时间,取得的成绩远超前20年,国际合作极大地推动了我国海洋石油工业发展的进程。为了规范油田的开发生产活动,保护我国宝贵的油气资源及环境,我国在该阶段先后颁布实施了《油田开发条例(草案)》《环境保护工作试行条例》《油气田规划设计技术规定》《关于油田维护费使用范围的规定》等多项条例、规定,从法律层面推动油气行业的发展。

1981年11月26日,石油工业部根据1981年10月6日国务院常务会议精神,并征得广东省同意,批准成立南海石油勘探指挥部珠江口筹建处,并从全国陆地各大油气区抽调大批一线人员,组建队伍。

1982年2月8日,国务院批准成立中国海洋石油总公司,同时批准成立包括南海东部、西部石油公司在内的4个地区公司。

1983年2月3—10日,国务委员康世恩到南海西部公司视察,明确提出:南海西部石油公司必须实行对外合作与自营勘探并举的两条腿走路方针,一方面积极寻求对外合作,另一方面利用我国拥有全部区域地质资料和东部陆上盆地石油勘探经验的信息优势,开展自营勘探。以自营求发展,以自营勘探成果促进对外合作。

邓小平一直密切关注海南,关心海南开发建设。1984年4月29日,邓小平会见美国名著企业家哈默时说:"我们决定开发海南岛。利用天然气还可带动其他行业。"

1987年6月12日,邓小平与来访的南斯拉夫共产主义者联盟中央主席团委员斯特凡·科罗舍茨交谈时说:"我们正在搞一个更大的特区,这就是海南岛经济特区。海南岛和台湾的面积差不多,那里有许多资源,有富铁矿,有石油天然气,还有橡胶和别的热带亚热带作物。海南岛好好发展起来,是很了不起的。"

第一节　东西分区运营

1980年下半年,石油工业部从11个二级单位抽调115名地质、物探专业技术人员,组成了以邱中建、龚再升、王善书、陈祖传等为首的"珠江口盆地油气资源评价组",用11个月的时间对外国石油公司提供的物探资料进行深入研究,绘制图件,编写完成相关的评价报告——《珠江口盆地油气资源评价报告》,取得如下研究成果(邱中建和龚再升,1999):①珠江口盆地是一个以新生代沉积地层为主的大型含油气盆地,面积约17.5万km²,沉积岩厚度超过9000m;②划分出珠一坳陷、珠二坳陷、珠三坳陷3个坳陷和北部隆起、神狐隆起及东沙隆起

3 个隆起;③发现各类构造 262 个,其中远景有利储油构造 178 个。

1979 年 10 月至 1980 年 12 月中国石化集团江汉石油管理局编写了《南海北部大陆架莺歌海盆地油气资源评价报告》(当时莺歌海盆地和琼东南盆地未分开,均称为莺歌海盆地);1981 年 11 月南海石油勘探指挥部编写了《南海北部大陆架北部湾盆地油气资源评价报告》。这些研究成果成为南海对外开放招标的主要依据。

一、东区

1983 年 6 月 29 日南海东部石油公司正式成立,隶属中国海洋石油总公司,具有法人资格,负责东经 113°10′ 以东的南海珠江口盆地海域石油资源的勘探、开发和生产经营。

1982 年 2 月 16 日国务院发出第一批关于珠江口物探区的招标通知书,标志着珠江口盆地油气勘探对外合作全面启动;到 1989 年共进行三轮招标、招商及双边合同协议。经过三轮招标,中标的 16 个合作区块面积约 4.6 万 km²,占珠江口盆地招标面积的 1/3,完成地震测线 61 273.5km,钻探井 57 口。

1983 年 5 月 10 日,中国海洋石油总公司与英国、澳大利亚、加拿大、巴西等国的 5 家石油公司组成的集团公司,即英国石油公司(BP),在北京签订包括珠江口盆地 14/29 区块、28/27 区块在内的第一批石油合同,这是南海东部海域石油勘探的第一个对外合作合同。

初期,海域内各方曾寄予厚望的"八大构造"所钻的第一批探井有 5 个构造落空(开平 11-1、陆丰 2-1、番禺 3-1、番禺 16-1 和番禺 27-1),只在惠州 33-1、文昌 19-1 和恩平 18-1 这 3 个构造内钻获油流。虽然部分区块石油勘探效果不理想,但在全区的勘探上有了很好的进展。勘探人员进一步认识到:惠州凹陷是油气富集区;东沙隆起是油气聚集有利区;盆地既发现以优良海相砂岩为储层的中小油田,也有以生物礁滩灰岩为储层的大型油田;区内凹陷带具备庞大的生油岩体和储层及区域盖层的组合;具有一大批成群成带分布、保存条件良好的构造。

1984—1990 年,勘探转向"珠一坳陷"与"东沙隆起",取得一系列重大突破。先后发现了西江 24-3、西江 24-1、西江 30-2、惠州 21-1、惠州 26-1、陆丰 13-1、陆丰 22-1 和流花 11-1 等 20 个油田和含油气构造,见图 3-1、表 3-1。1990 年 9 月 13 日,南海北部大陆架东部油气区第一个合作油气田(与 ACT 作业者集团)惠州 21-1 油田建成投产。

图 3-1 1984—1990 年间南海北部大陆架东部发现的油气田及含油气构造示意图

表 3-1　1984—1990 年间南海北部大陆架东部发现的油气田及含油气构造

位置	油气田名称	发现日期	发现井号	作业者
珠一坳陷	恩平 18-1	1984 年	EP18-1-1A	英国石油公司（BP）
	惠州 21-1	1985 年	HZ21-1-1	ACT 作业者集团
	番禺 4-1	1985 年	PY4-1-1	珠江石油运营公司
	西江 24-3	1985 年	XJ24-3-1	菲利普斯公司（PHILLIPS）
	惠州 27-1	1986 年	HZ27-1-1	ACT 作业者集团
	西江 23-1	1986 年	XJ23-1-1X	地质矿产部
	西江 24-1	1986 年	XJ24-1-1X	菲利普斯公司（PHILLIPS）
	陆丰 13-1	1987 年	LF13-1-1	日本 JHN 石油公司
	陆丰 13-2	1988 年	FL13-2-1	日本 JHN 石油公司
东沙隆起	惠州 33-1	1985 年	HZ33-1-1	ACT 作业者集团
	陆丰 22-1	1986 年	LF22-1-2	美国西方东部公司
	陆丰 15-1-1	1986 年	LF15-1-1	美国西方东部公司
	流花 11-1-2	1987 年	LH11-1-2	阿莫科（AMOCO）
	流花 11-1	1987 年	LH11-1-1	阿莫科（AMOCO）
	流花 4-1	1987 年	LH4-1-1	阿莫科（AMOCO）
	惠州 26-1	1988 年	HZ26-1-1	ACT 作业者集团
	西江 30-2	1988 年	XJ30-2-1	菲利普斯公司（PHILLIPS）
	惠州 33-2	1989 年	HZ33-2-1	ACT 作业者集团
	惠州 32-2	1990 年	HZ32-2-1	ACT 作业者集团
	惠州 25-1	1990 年	HZ25-1-1	菲利普斯公司（PHILLIPS）

注：数据来源于 Wood Mackenzie 数据统计库。

其中，百米水深的陆丰 13-1 油田成为中国海油向深水进军的起步点，为我国海洋石油迈向深水奠定了坚实的基础；流花 11-1 油田是珠江口盆地发现的第一个亿吨级大油田，也是中国海域最大的生物礁滩背斜构造油藏，对中国加速深水能源开发具有深刻意义。

二、西区

1984 年 9 月 29 日南海西部石油公司正式成立，隶属中国海洋石油总公司，具有法人资格，负责东经 113°10′ 以西的南海北部湾盆地、莺歌海盆地、琼东南盆地及珠江口盆地西部珠三坳陷的石油资源的勘探、开发和生产经营，盆地总面积达 18.4 万 km²，盆地内沉积凹陷总面积达 7.67 万 km²，具有形成丰富的石油和天然气资源的地质条件。

这一时期,西部石油公司采用风险合同的合作方式,利用外资和先进技术,与外商合作进行海上石油勘探,以合作带自营,以自营促合作,加快了南海石油勘探速度,使南海石油勘探发生了历史性转变。

1982年和1984年南海西部分别进行了第一轮、第二轮大规模招标,除莺歌海盆地外国石油公司未投标外,北部湾盆地、琼东南盆地和珠三坳陷海域共签订16个石油合同(包括1个由物探协议转为石油的合同)、1个物探协议。在此期间,西部公司集中优秀人才与外方组成9个联合管理委员会,和作业者一起开展南海西部海域石油勘探工作。通过勘探,在该区域发现2个气田(崖城13-1气田和文昌9-2凝析气田)、3个油田[涠洲10-3油田、涠洲12-8油田(古近系油藏)、文昌19-1油田]、琼海18-1含油构造,并在涠洲12-1构造内发现了油层。对8个含油气构造(崖城13-1、涠洲10-3、文昌19-1、乌石16-1、琼海18-1、涠洲12-8、涠洲11-4和涠洲11-1)进行评价。各油气田位置见图3-2,各区块合同执行情况见表3-2。

在对外合作的同时,西部石油公司也进行了自营勘探,完成地震测线近1万km,打井14口,发现了涠洲6-1和涠洲11-4两个油气田。

1986年8月8日,南海西部第一个油田——中法合作开发的涠洲10-3油田投入评价性试生产,标志着南海石油勘探进入了勘探与开发并举的新阶段。

与此同时,北部湾涠洲11-4油田和位于琼东南盆地与美国阿科公司合作的崖城13-1气田的开发工作也处于积极筹划之中。

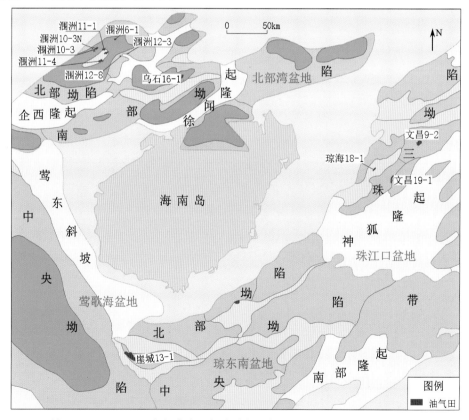

图3-2　1980—1990年间南海北部大陆架西部发现及评价的油气田示意图

表 3-2　南海北部大陆架西部海域前两轮招标签订的合同执行情况（据《中国油气田开发志》总编纂委员会，2011）

序号	盆地	合同签订时间	作业者	合同区号	完成地震工作量/km	钻井数/口	发现油气田
1	北部湾盆地	1980年5月29日	法国道达尔	9/28	17 526.000	20	涠洲10-3油田/涠洲12-8油田
2		1983年9月15日	日本出光	22/22	1 520.475	3	—
3		1983年11月15日	美国宾斯	22/36	2 140.000	2	—
4		1983年11月15日	美国太阳	23/25	1 463.900	2	—
5		1985年10月8日	日本出光	22/03	663.400	1	—
6		1985年11月23日	美国太阳	23/13	—	1	—
7		1985年12月21日	英国石油公司	27/31附加合同区	—	2	—
8		1988年11月15日	美国太阳	09/36	225.700	1	涠洲12-1油田中发现油层
小计		—	—	—	23 539.475	32	—
9	琼东南盆地	1982年9月19日	美国阿科	50/35	18 587.000	13	崖城13-1气田
10		1985年12月9日	美国西方	53/06	—	1	—
11		1988年1月20日	挪威	52/26	995.000	1	—
小计		—	—	—	19 582.000	15	—
12	珠三坳陷	1983年5月10日	英国石油公司	27/13	2 413.000	3	—
13		1983年5月10日	英国石油公司	26/24	3 441.000	4	—
14		1983年8月6日	美国西方	26/29	1 577.000	3	—
15		1983年8月31日	美国埃索	40/01	7 655.000	7	文昌19-1油田
16		1985年11月5日	美国埃索	39/11	6 545.000	8	文昌9-2凝析气田
17		1988年9月26日	美国埃索	26/28	2 938.000		—
小计		—	—	—	24 569.000	25	
合计					67 690.475	72	—

注：数据来源于 Wood Mackenzie 数据统计库。

第二节 探井工程

鉴于 20 世纪 70 年代末海洋石油发展面临的"一缺资金、二缺技术、三缺管理"的被动局面,国家做出海洋石油工业首先对外开放的重要决策。

一、珠江口盆地

珠江口盆地油气勘探经历了五大外国公司大规模地球物理普查及先后多轮合作勘探的对外招标,开展了油气资源评价工作,评价出各类远景构造 262 个,预测石油储量约 40 亿 t。在此阶段,在外国石油公司"海相生油"地质认识和"以盆地中央隆起带巨型构造为目标"勘探策略的指导下,珠江口盆地呼声最高的 8 个大型构造(恩平 18-1、开平 1-1、文昌 19-1、番禺 27-1、番禺 16-1、陆丰 2-1、惠州 33-1、番禺 3-1)实施了钻探,然而除了发现 3 个含油构造外,其余构造全部落空。此外,同期钻探的 9 个中小型构造也均告失败,珠江口盆地的勘探陷入低谷。

1983 年 11 月 6 日,珠江口盆地东部海域的第一口合作的探井——恩平 18-1-1 井开钻,该井位于 14/29 合同区恩平 18-1 构造内,作业者是 BP 公司。同年 12 月 31 日该井完钻,喜获油流。然而截至 1984 年 11 月,除了恩平 18-1-1 井、文昌 19-1-1 井、惠州 33-1-1 井外,开平 1-1-1 井、番禺 27-1-1 井、番禺 16-1-1 井、陆丰 2-1A 井、番禺 3-1-1 井的钻探均无收获,这使中外双方非常失望。一时间珠江口勘探形势急转直下,不少中外地质学家对盆地的石油地质条件产生了怀疑,一些作业者信心动摇,对下一步或下一口井是否继续开展举棋不定。

1985 年 3—4 月,作业者菲利普斯公司(PHILLIPS)在 15/11 合同区西江构造内钻第一口探井西江 24-3-1A 井,经钻杆测试(drillstem testing,DST)获高产油流,日产 1116m³,这是珠江口盆地对外合作的第一个商业发现(图 3-3)。同年 8 月,ACT 作业者集团在 16/08 合同区内钻探惠州 21-1-1 井,获 2 311.5m³/d 高产油流,产气 43 万 m³/d,成为该区块第一个有商业开发价值的油田。

1987 年 2—3 月,作业者阿莫科公司(AMOCO)在 29/04 合同区的流花构造内钻探流花 11-1-1A 井下中新统珠江组发现含油生物礁滩石灰岩,厚达 75m,经测试(图 3-4)日产原油 357m³,发现了流花 11-1 油田。

1988 年 3 月在 16/08 合同区的惠州 26-1 构造内钻探惠州 26-1-1 井试油,日产达 4226m³,是当时我国砂岩油田单井日产量之最。同年 8 月,在西江 24-3 构造内,探井西江 30-2-1 井钻获油层累计厚达 164.9m。

图 3-3　西江 24-3-1A 井 DST 测试　　　　图 3-4　29/04 合同区流花 11-1-1A 井 DST 测试

　　1990 年 7 月西江 30-2-2X 井做钻杆测试,日产原油 2 067.9m³,从而发现西江 30-2 油田。同年 9 月 13 日,南海东部油气区第一个合作油气田(与 ACT 集团合作)惠州 21-1 油气田建成投产(图 3-5)。

图 3-5　惠州 21-1 油气田海上钻井平台

二、琼东南盆地

　　1982 年中国海洋石油总公司与美国阿科(中国)有限公司和挪威石油公司(中国)签署合作勘探协议,1983 年钻探崖城 13-1 构造,获高产气流,并一举拿下崖城 13-1 大气田,其间钻探井情况如表 3-3,图 3-6 所示。

表 3-3　琼东南盆地相关探井信息表

作业者	井名称	井别名	日期	完钻深度/m
挪威石油公司（中国）	ST31-2-1	松涛 31-2-1	1988 年	3 525.00
美国阿科（中国）有限公司	YC13-1-1	崖城 13-1-1	1983 年	3 822.19
	YC13-1-2	崖城 13-1-2	1984 年	4 259.60
	YC13-1-3	崖城 13-1-3	1985 年	4 114.80
	YC13-1-3ST	崖城 13-1-3ST	1986 年	4 115.00
	YC13-1-4	崖城 13-1-4	1986 年	4 185.20
	YC13-1-6	崖城 13-1-6	1989 年	4 139.80
	YC13-1-8	崖城 13-1-8	1989 年	4 292.20
	YC14-1-1	崖城 14-1-1	1984 年	3 158.00
	YC19-1-1	崖城 19-1-1	1984 年	5 120.70
	YC21-1-1	崖城 21-1-1	1990 年	4 646.60
	YC8-1-1	崖城 8-1-1	1984 年	3 909.70
	YC8-2-1	崖城 8-2-1	1983 年	4 288.80

注：数据来源于 Wood Mackenzie 数据统计库。

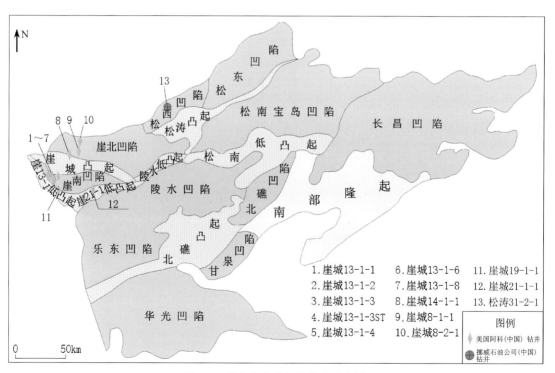

图 3-6　琼东南盆地相关钻井示意图

三、莺歌海盆地

地质工作者从 1957 年在莺歌海盆地调查油气苗开始,1977—1989 年多次钻探而无重大发现。1989—1990 年,对外合作勘探主要集中于东经 108°以东海域,地震测网密度为 4km×8km,局部达到了 1km×2km,测线总长 6844km,钻井 4 口。在美国阿科(中国)物探协议区同时做了海重、海磁普查,整个海域完成了 1∶50 万的航空磁测。通过上述工作发现,1 号断裂下降盘有厚度大于 1 万多米的新生界,初步揭示了盆地新近系的沉积面貌。

1983 年在原 LT22-1 构造上钻"莺浅-2 井",完钻层位在白垩系,完钻深度 698m,见油气显示,电测解释 7m 可疑气层。

1984 年在 PSCA50/35 区块内钻"乐东30-1-1A 井",完钻深度 5 026.2m,发现了莺黄组下部高压含水气层。

1984 年在 LT35-1 构造上钻"岭头 35-1-1

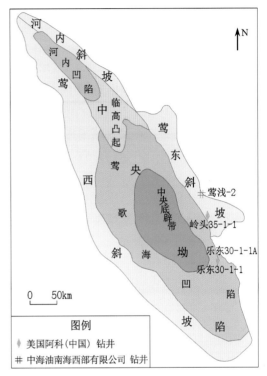

图 3-7 莺歌海盆地相关钻井示意图

井",完钻层位在三叠系,完钻深度 1715m,见油气和直接荧光显示,测试获含 CO_2 的天然气,见图 3-7,表 3-4。

表 3-4 莺歌海盆地相关探井信息表

作业者	井名称	井别名	日期	完钻深度/m
美国阿科(中国)	LD30-1-1	乐东 30-1-1	1983 年	3 245.0
	LD30-1-1A	乐东 30-1-1A	1984 年	5 026.2
	LT35-1-1	岭头 35-1-1	1984 年	1 715.0
中海油南海西部有限公司	YQ-2	莺浅-2	1983 年	698.0

注:数据来源于 Wood Mackenzie 数据统计库。

四、北部湾盆地

1981 年 1 月,在北部湾盆地与法国道达尔公司合作开钻第一口井——WS16-1-1 井。

1982 年在涠 12-3 构造上,钻井 3 口,进尺 4812m,获工业油气流井 1 口。

1982—1983 年在涠洲 11-1 构造上施钻探井 4 口,进尺 9159m,均获商业油流。与此同时法国道达尔公司还在涠洲 11-4、涠洲 12-3 等构造上施钻,分别探明了一定的地质储量。

1983—1985 年在涠洲 23-3 构造上施钻探井 3 口,进尺 8182m,未获油气;直至 1987 年又先后在涠洲 22-3、涠洲 22-2 和涠洲 9-4 构造上各钻 1 口探井,均告失败。

1985 年 10 月 5 日在北部湾自营勘探的第一口探井 WS16-1-5 井测试,日产原油 131m³,日产天然气 1.59 万 m³。截至 1985 年底,法国道达尔(中国)共施钻探井 16 口,证实了 5 个含油气构造。另外,与日本出光(中国)、美国太阳(中国)和美国鹏斯远东公司合作钻井达 10 口,均未见油气层,只有日本出光(中国)研究区北部的 WZ22-3-1 井见到少量油斑显示。在对外合作的同时,坚持在全盆地范围内持续进行研究和勘探,并成功打出一批高产井。

南海西部石油公司自营钻探,获得较好的发现,为后期全面自营勘探积累了重要的经验和基础资料。1987 年南海西部石油公司先后在涠洲 10-10、涠洲 6-1 两个构造上施钻。其中涠洲 6-1-1 井距北海市西南方 67km,为最接近涠洲岛的探井,水深 33.6m,完钻深度 2 246.3m,钻进石炭系 342.3m,发现厚达 121.6m 的含油气层,经测试,日产原油 206m³,日产天然气 90 万 m³,见图 3-8、表 3-5。

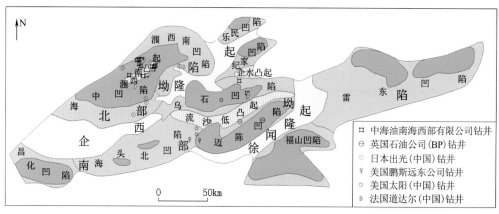

图 3-8 北部湾盆地相关钻井示意图

表 3-5 北部湾盆地相关探井信息表

作业者	井名称	井别名	日期	完钻深度/m
法国道达尔(中国)	SWW10-3-10	涠洲 10-3-10	1985 年	2 759.0
	SWW10-3-6	涠洲 10-3-6	1985 年	2 450.0
	WS16-1-1	乌石 16-1-1	1981 年	2 945.3
	WS16-1-2	乌石 16-1-2	1982 年	3 977.0
	WS16-1-3	乌石 16-1-3	1982 年	3 650.0
	WS26-2-1	乌石 26-2-1	1983 年	2 217.0
	WZ10-3-1	涠洲 10-3-1	1982 年	2 269.0
	WZ10-3-2	涠洲 10-3-2	1982 年	2 300.7

续表 3-5

作业者	井名称	井别名	日期	完钻深度/m
法国道达尔（中国）	WZ10-3-3	涠洲 10-3-3	1983 年	2 335.6
	WZ10-3-4	涠洲 10-3-4	1983 年	2 255.0
	WZ11-1-1	涠洲 11-1-1	1981 年	3 442.0
	WZ11-4-1	涠洲 11-4-1	1982 年	1 462.0
	WZ12-3-1	涠洲 12-3-1	1982 年	1 490.0
	WZ12-3-2	涠洲 12-3-2	1982 年	1 786.0
	WZ12-3-3	涠洲 12-3-3	1982 年	1 536.4
	WZ16-1-1	涠洲 16-1-1	1982 年	2 274.0
美国鹏斯远东公司	WS31-1-1	乌石 31-1-1	1984 年	1 859.0
	WS32-2-1	乌石 32-2-1	1985 年	4 262.0
美国太阳（中国）	WS21-1-1	乌石 21-1-1	1985 年	4 231.0
	WS26-3-1	乌石 26-3-1	1985 年	2 197.0
	WS26-4-1	乌石 26-4-1	1984 年	3 459.7
	WZ12-1-1	涠洲 12-1-1	1989 年	3 080.0
日本出光（中国）	WZ22-2-1	涠洲 22-2-1	1985 年	2 786.0
	WZ22-3-1	涠洲 22-3-1	1985 年	2 685.0
	WZ23-3-1	涠洲 23-3-1	1984 年	2 711.0
	WZ9-4-1	涠洲 09-4-1	1986 年	2 594.0
英国石油公司（BP）	WS28-1-1	乌石 28-1-1	1986 年	1 666.0
	WS29-1A-1	乌石 29-1A-1	1986 年	3 500.0
中海油南海西部有限公司	SWW10-3-14	涠洲 10-3-14	1989 年	2 350.0
	SWW10-3-15	涠洲 10-3-15	1989 年	2 170.0
	WS16-1-5	乌石 16-1-5	1985 年	3 190.0
	WS16-3-1	乌石 16-3-1	1986 年	1 922.0
	WZ10-1-1	涠洲 10-1-1	1987 年	2 117.4
	WZ10-3-13	涠洲 10-3-13	1988 年	2 135.0
	WZ10-3-15	涠洲 10-3-15	1989 年	2 106.0
	WZ10-3-30	涠洲 10-3-30	1990 年	2 565.0
	WZ10-3N-1	涠洲 10-3N-1	1989 年	1 800.0
	WZ10-3N-2	涠洲 10-3N-2	1989 年	1 930.0
	WZ10-3N-3	涠洲 10-3N-3	1990 年	1 732.0

续表 3-5

作业者	井名称	井别名	日期	完钻深度/m
中海油南海西部有限公司	WZ10-7-1	润洲 10-7-1	1989 年	2 684.0
	WZ11-4-A1	润洲 11-4-A1	1987 年	1 189.7
	WZ11-4E-1	润洲 11-4E-1	1988 年	1 080.0
	WZ11-4N-1	润洲 11-4N-1	1988 年	2 718.0
	WZ11-4N-2	润洲 11-4N-2	1988 年	2 568.0
	WZ11-4N-3	润洲 11-4N-3	1988 年	3 112.0
	WZ11-4N-4	润洲 11-4N-4	1988 年	1 900.0
	WZ11-4N-5	润洲 11-4N-5	1989 年	2 530.0
	WZ6-1-1	润洲 6-01-1	1987 年	2 246.3
	WZ6-1-2	润洲 6-01-2	1988 年	2 280.0

注：数据来源于 Wood Mackenzie 数据统计库。

"南海油气"丛书

第四章

同勘共采 增储上产一体化

20世纪90年代开始,随着勘探程度的提高,部分油气田开始投产,南海油气勘探开发进入滚动勘探开发阶段(1991—2006年)。滚动勘探开发是一种针对地质条件复杂的油气田而提出的简化评价勘探、加速新油田产能建设的快速勘探方法。当油气田进入勘探开发成熟期时,滚动勘探开发是增储稳产的主要手段。它以少数探井和早期储量估计为基础,在对油田有一个整体认识的前提下,将高产富集区块优先投入开发,实行开发的向前延伸;同时,在重点区块突破,在开发中继续深化新层系和新区块的勘探工作,解决油气田评价的遗留问题,实现扩边连片。

这种"勘探中有开发,开发中有勘探"的开发程序的优点为:①在油田内部及周边取得储量产量贡献,做强再生产油田,促进油田可持续发展;②落实优质储量,盘活难动用储量,将边际油田或油藏进行开发;③落实周边潜力,降低在评价项目的开发投资风险或规避重复投资。

勘探开发紧密结合、增储上产一体化是滚动勘探开发的基本做法;立足整体经济效益、达到速度和风险的综合平衡,是滚动勘探开发追求的目标。坚持滚动勘探、滚动开发,不断有新油田接替。

20世纪90年代以后,利用合作油田有利条件,同时始终坚持对外合作与自营并举,对区块滚动勘探、滚动开发,不断有突破,南海油气的勘探正式进入以自营为主、合作为辅的阶段,如涠洲11-4、崖城13-1、惠州26-1、西江24-3等油气田相继投产,地震采集、资料处理能力也大幅提升。

1999年4月26日,中国海洋石油总公司按照"油公司集中统一,专业公司相对独立,基地系统彻底分离"的经营理念,对全系统各单位进行转制重组,决定对南海东部公司和南海西部公司组织机构进行调整,分别组建中海油(中国)有限公司深圳分公司和湛江分公司,分公司为非独立法人、非独立核算的分支机构。

第一节　滚动勘探开发投入

一、南海东部海域探采投入

1996年至2005年间,南海东部执行石油合同和协议有23个(其中物探协议6个),面积共8.12万km²,钻探井68口,累计进尺21.59万m,其中自营探井25口,累计进尺7.85万m;三维地震资料采集面积0.38万km²;从1983年至2005年,共执行石油合同协议65个,外方勘探投入14.4亿美元,探井148口;我国自营投入18亿元,自营探井25口,累计获得石油地质储量7.348亿m³,天然气636.46亿m³,钻探成功率达到42%,先后建成惠州油田群、陆丰

油田群、西江油田群、番禺油气田群和流花油田群等 15 个油田。

二、南海西部海域探采投入

为推动海域的石油勘探进程,南海西部在第一轮、第二轮大规模招标后相继开展第三轮、第四轮招标,继续签订了 15 个石油合同(单风险合同)、1 个生产合同、4 个物探协议、5 个联合研究合同和 1 个航测合同,合同及其执行情况见表 4-1。与第一轮、第二轮招标对比见图 4-1。

表 4-1 南海西部海域第三轮、第四轮招标及签订合同执行情况

盆地	合同签订时间	作业者	合同区号	完成地震测试/km	钻井数/口	备注
北部湾盆地	1995 年 11 月 28 日	英国凯恩	23/10	—	—	单风险合同
	1996 年 9 月 24 日	美国赛敦	24/05	—	—	联合研究合同
	1997 年 1 月 16 日	美国圣太菲	23/28	612	2	单风险合同
	1999 年 12 月 21 日	美国洛克	22/12	—	4	单风险合同
	2002 年 9 月 23 日	加拿大哈斯基	23/20	2542	1	单风险合同
	2002 年 9 月 23 日	加拿大哈斯基	23/15	—	2	单风险合同
	小计			3154	9	—
琼东南盆地	1989 年 8 月 28 日	美国埃索	52/06	—	—	联合研究合同
	1991 年 2 月 12 日	英国石油	53/26	608	1	物探协议
	1991 年 4 月 3 日	英国石油	50/20	888		物探协议
	1993 年 5 月 6 日	美国阿科	52/12	3214	2	单风险合同
	1993 年 5 月 6 日	美国阿科	63/28	1592	2	单风险合同
	1994 年 12 月 19 日	美国阿科	63/20	71 089	1	单风险合同
	1995 年 2 月 24 日	美国雪佛龙	62/23	166	1	单风险合同
	1995 年 4 月 15 日	美国阿科	62/01	—		联合研究合同
	1995 年 7 月 26 日	美国雪佛龙	50/20	1028		物探协议
	1996 年 5 月 16 日	美国雪佛龙	63/15	27 578	1	单风险合同
	2000 年 2 月 12 日	美国阿科	62/01	1869		物探协议
	小计			108 032	8	—
珠三坳陷	1989—1991 年	英国石油	36/19	1500		联合研究合同
	1990 年 8 月 8 日	美国阿莫科	40/06	6258	1	单风险合同
	1992 年 3 月 16 日	美国阿莫科	ALF	—	1	航测合同
	1995 年 11 月 9 日	英荷壳牌	40/18	—		联合研究合同

续表 4-1

盆地	合同签订时间	作业者	合同区号	完成地震工作量/km	钻井数/口	备注
珠三坳陷	1998 年 10 月 22 日	美国圣太菲	26/35	150	1	单风险合同
	2001 年 2 月 19 日	加拿大哈斯基	—	—	—	生产合同
	2001 年 7 月 26 日	加拿大哈斯基	39/05	—	2	单风险合同
	2002 年 12 月 6 日	加拿大哈斯基	40/30	—	1	单风险合同
	小计			7908	6	—
万安盆地	1992 年 6 月 1 日	美国丰收	WAB-21	—	—	单风险合同
合计				119 094	23	—

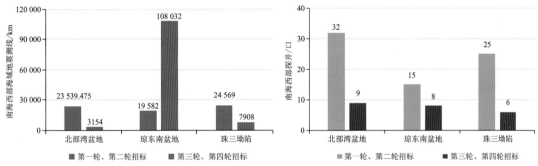

图 4-1　南海西部四轮招标地震测线与探井对比图(据《中国油气田开发志》总编纂委员会,2011)

截至 2005 年底,在南海西部海域共采集二维地震测线 286 319.8km,三维地震测线 13 478.3km²。不同盆地、不同阶段自营和合作采集地震资料数据见表 4-2,图 4-2。

表 4-2　南海西部海域不同时间段地震资料采集数据表

盆地	项目		时间			
			1978 年及以前	1979—1988 年	1989—2005 年	合计
北部湾	自营	二维/km	15 247.7	8 291.0	18 902.9	42 441.6
		三维/km²	—	99.0	2 887.1	2 986.1
	合作	二维/km	—	21 049.4	2 324.3	23 373.7
		三维/km²	—	359.0	1 439.0	1 798.0
	小计	二维/km	15 247.7	29 340.4	21 227.2	65 815.3
		三维/km²	0.0	458.0	4 326.1	4 784.1

续表 4-2

盆地	项目		时间			
			1978 年及以前	1979—1988 年	1989—2005 年	合计
莺歌海	自营	二维/km	6 896.1	786.7	65 023.6	72 706.4
		三维/km²	—	—	744.0	744.0
	合作	二维/km	—	6 584.2	2 523.7	9 107.9
		三维/km²	—	—	—	0.0
	小计	二维/km	6 896.1	7 370.9	67 547.3	81 814.3
		三维/km²	0.0	0.0	744.0	744.0
琼东南	自营	二维/km	11 061.0	4 290.1	28 391.5	43 742.6
		三维/km²	—	—	2 150.0	2 150.0
	合作	二维/km	—	22 115.8	5 450.0	27 565.8
		三维/km²	—	—	2 728.0	2 728.0
	小计	二维/km	11 061.0	26 405.9	33 841.5	71 308.4
		三维/km²	0.0	0.0	4 878.0	4 878.0
珠三坳陷	自营	二维/km	1 341.3		19 181.8	20 523.1
		三维/km²	—	—	2 942.2	2 942.2
	合作	二维/km	—	37 517.1	9 341.8	46 858.9
		三维/km²	—	130.0	—	130.0
	小计	二维/km	1 341.3	37 517.1	28 523.5	67 381.9
		三维/km²	0.0	130.0	2 942.2	3 072.2
南海西部合计	自营	二维/km	34 546.1	13 367.8	131 499.7	179 413.6
		三维/km²	0.0	99.0	8 723.4	8 822.4
	合作	二维/km	0.0	87 266.5	19 639.8	106 906.3
		三维/km²	0.0	489.0	4 167.0	4 656.0
	合计	二维/km	34 546.1	100 634.3	151 139.4	286 319.8
		三维/km²	0.0	588.0	12 890.3	13 478.3

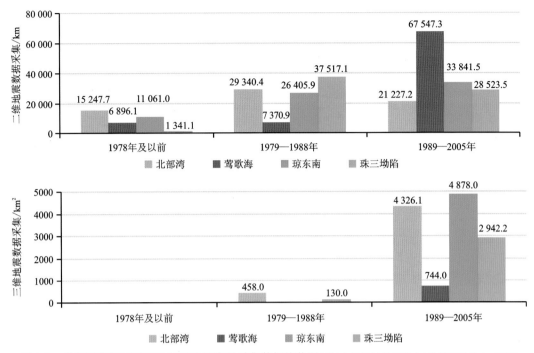

图 4-2　南海西部海域不同时间段地震资料采集数据柱状图(据《中国油气田开发志》总编纂委员会,2011)

三、南海西部陆域探采投入

在海南福山凹陷上建立发展起来的海南福山油田勘探开发有限责任公司(以下简称"福山油田公司"),是海南省唯一的陆上油气田勘探开发公司。福山凹陷位于海南岛琼北地区,地处一市两县(海口市、澄迈县和临高县),是北部湾盆地南部斜坡带东缘的一个中新生代断陷凹陷,面积约 2920km²,其中陆滩面积 2040km²。

福山凹陷勘探始于 1958 年,经历了 4 个阶段:① 石油普查阶段(1958—1975 年),广东石油勘探大队做重磁电法普查;②大规模勘探阶段(1976—1984 年),南海西部石油公司做二维地震,发现了含油构造,因地质构造复杂,单井产量低,勘探工作一度终止;③对外合作勘探阶段(1985—1988 年),中国石油天然气集团公司(简称"中石油")与澳大利亚 CSR 东方石油等4 家外国公司合作勘探,发现了含气构造,因产量递减快,不具工业价值,外方放弃勘探,国际合作终止;④自营勘探阶段(1988 年至今),1988 年海南建省以来,国务院鼓励投资开发海南省石油资源,在各级政府支持下,中石油于 1993 年自力更生重新开展海南福山凹陷勘探工作,通过加大工作力度和新技术的攻关以及综合地质研究的不断深入,克服了海南地表、地质条件复杂,火山岩对地震波的屏蔽等问题,加深了地质认识。1999 年 9 月 9 日,位于澄迈县福山镇花场村正在试油的花 1 井传来喜讯,试采获高产油气流,标志着福山凹陷实现工业性突破。2001 年中石油南方勘探公司在海口注册成立海南福山油田勘探开发有限责任公司。

第二节 **滚动勘探开发成果**

一、油气田储量

1986 年至 1987 年执行《石油、天然气储量规范（试行稿）》；1988 年至 2004 年执行《石油储量规范》(GBn 269-88)、《天然气储量规范》(GBn 270-88)；2005 年及以后执行《石油天然气储量计算规范》(DZ/T 0217—2005)。地质储量计算方法主要是容积法（或烃柱法）；技术可采储量计算方法较多，有类比法、经验公式法、残余油饱和度统计法、水驱曲线法、产量递减法、油藏数值模拟法等。

截至 2006 年底，我国南海油气田累计探明地质储量：石油 71 990 万 t，天然气 3481 亿 m^3。

(一)南海东部油气区

南海东部油气区作业者为中海油深圳分公司，截至 2006 年底，共探明 24 个油气田（其中油田 21 个，气田 3 个），探明地质储量：石油 51 200 万 t，天然气 547 亿 m^3。

按照《石油天然气储量计算规范》(DZ/T 0217—2005)附录 D，对储量进行地质综合评价：从原油可采储量丰度来看，油田为中高丰度，气田为中丰度；从油藏埋藏深度来看油田为中浅层和中深层，气田主要属于中深层；从油藏千米井深稳定产量来看，属于高产油气田。按照分布情况，南海东部油气区划分为 5 个油田群：惠州油田群、西江油田群、番禺油田群、陆丰油田群及流花油田群，见图 4-3。

随着生产井钻井、三维地震资料采集、新技术的应用和研究水平的提高，对油田认识不断深入，探明储量发生变化，使得油田储量落实、产能可靠。南海东部油气区探明石油天然气地质储量包含勘探发现的油气储量和开发过程增加的油气储量。

1. 石油储量

1984 年 12 月作业者菲利普斯公司在珠江口盆地钻探西江 24-3 构造上 XJ24-3-1AX 井，发现南海东部油气区首个油田——西江 24-3 油田，1987 年 3 月向国家储量委员会申报该油田新增探明地质储量 2670 万 m^3。截至 2006 年底整个南海东部油气区共申报石油储量 51 200 万 t，其中勘探发现 21 个油田，探明石油储量 51 040 万 t；3 个气田勘探发现探明石油储量 160 万 t，见图 4-4。

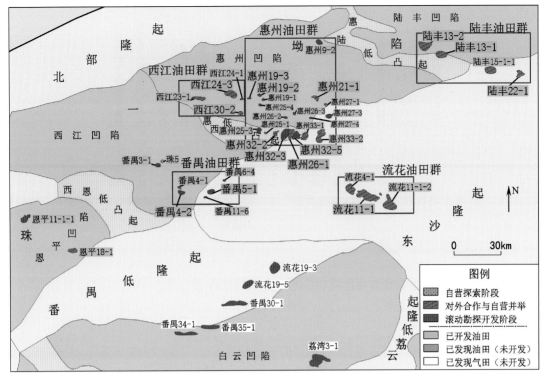

图 4-3　南海东部油气区油气田群(截至 2006 年底)

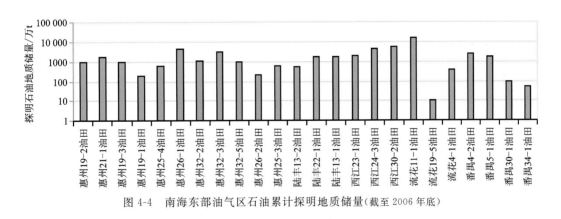

图 4-4　南海东部油气区石油累计探明地质储量(截至 2006 年底)

2. 天然气储量

天然气储量在 2000 年以前仅有 1985 年发现的惠州 21-1 油田的两个气藏储量 21 亿 m³。2001 年 1 月陆丰 15-3-1 井的钻探,标志着自营钻探的开始,南海东部油气区进入对外合作与自营并举新阶段。在中海油总公司提出的发展天然气战略的指导下,2001 年 6 月 2 日,流花 19-3-1 井的钻探在浅层粤海组发现了 57m 的烃类气层,是东部油气区天然气勘探的重大突破。其后,从 2002 年起相继发现番禺 30-1 气田、番禺 34-1 气田以及流花 19-5 气田等。截至 2006 年底,整个南海东部油气区天然气累计探明地质储量达到 547 亿 m³,见图 4-5。

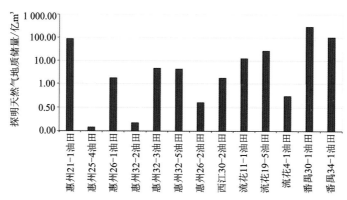

图 4-5　南海东部油气区天然气累计探明地质储量(截至 2006 年底)

(二)南海西部油气区

南海西部油气区作业者有福山油田公司和中海油湛江分公司。

1. 福山油田公司

2001 年花 2-1 井喷出高产油气流,真正揭开了海南福山凹陷大规模勘探开发的序幕。截至 2006 年底,福山油田公司在海南岛及周边矿权范围内获得国家批准的油气田有 2 个,其中油田 1 个——美台油田(1998 年勘探发现),气田 1 个——花场油气田(1999 年勘探发现),均位于北部湾盆地,见图 4-6。据《全国各油气田油气矿产探明储量表》,截至 2006 年底,北部湾盆地累计探明地质储量:石油约 350 万 t,天然气约 32 亿 m^3。

2. 中海油湛江分公司

截至 2006 年底,中海油湛江分公司在南海西部海域矿权范围内获得国家批准的油气田 27 个,累计探明地质储量:石油 20 440 万 t,天然气 2902 亿 m^3。其中油田 18 个(北部湾盆地 12 个,珠江口盆地西部 6 个),气田 9 个(莺歌海盆地 4 个,琼东南盆地 2 个,珠江口盆地西部 3 个),见图 4-6。据《全国各油气田油气矿产探明储量表》,截至 2006 年底,南海西部油气区累计探明地质储量:石油约 20 442 万 t,天然气约 2902 亿 m^3,见表 4-3。

1)原油储量

滚动勘探开发阶段,按探明地质储量规模,原油增长大致分为 4 个阶段。

第一阶段(1987—1994 年):登记的油田 2 个,即涠洲 11-4 油田、涠洲 10-3 油田。探明原油地质储量从 989 万 t 增长到 3754 万 t,探明储量增长的原因是新增涠洲 10-3 油田(1991 年申报探明储量)储量以及涠洲 11-4 油田的储量复算(1994 年储量复算)。

第二阶段(1995—1997 年):累计原油探明地质储量从 7579 万 t 增长到 8356 万 t。探明储量增长的原因是新增 3 个油田的储量,即涠洲 12-1 油田、涠洲 12-8 油田、涠洲 10-3N 油田,登记的油田增加到 5 个。同时这个阶段对涠洲 11-4 油田和涠洲 12-1 油田的储量又进行了复算。

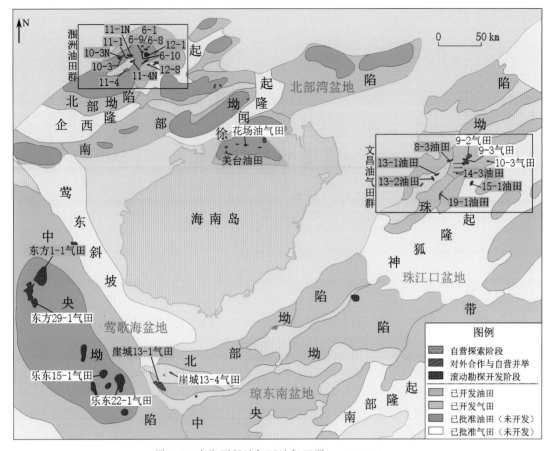

图 4-6　南海西部油气区油气田群（截至 2006 年底）

表 4-3　南海西部油气区总探明地质储量数据表（截至 2006 年底）

储量类型	石油/万 t		天然气/亿 m³	
	原油	凝析油	气层气	溶解气
累计探明地质储量	19 754.99	686.51	2 728.27	174.08

第三阶段（1998—2002 年）：累计原油探明地质储量由 12 954 万 t 增长到 14 816 万 t。探明储量增长的原因是新增 3 个油田的储量及 1 个油田扩边增加的储量，即文昌 13-1、文昌 13-2、文昌 8-3 油田及涠洲 12-1 油田北块，登记的油田增加到 8 个。

第四阶段（2003—2006 年）：累计原油探明地质储量由 18 587 万 t 增长到 19 755 万 t。探明储量增长的原因是新增 10 个油田的储量，即 2003 年新增文昌 15-1、文昌 19-1、文昌 14-3、涠洲 11-1、涠洲 11-4N 油田，2005 年新增涠洲 6-1、涠洲 6-10、涠洲 11-1N 油田，2006 年新增涠洲 6-8、涠洲 6-9 油田，登记的油田增加到 18 个。此外新增少量气田中的原油储量（文昌 10-3 气田中的油藏），同时这个阶段对文昌 13-1、文昌 13-2 油田的储量进行复算（2004 年），2005 年采用新的储量规范对 2004 年以前登记的储量进行套改。

各阶段的原油储量如图 4-7 所示。

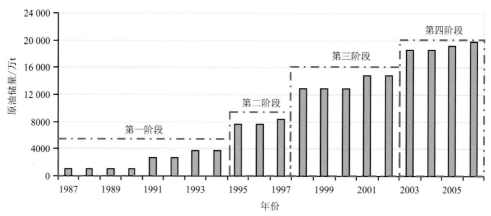

图 4-7　南海西部油气区累计原油探明地质储量示意图

2)天然气储量

崖城 13-1 气田是南海西部海域第一次申报探明储量的气田,于 1990 年向国家申报探明地质储量 907.9 亿 m^3。1990—2006 年天然气地质储量增长大致分 4 个阶段。

第一阶段(1990—1994 年):登记的气田 1 个,天然气探明地质储量由 907.9 亿 m^3 增长到 918.8 亿 m^3。自从 1990 年崖城 13-1 气田申报探明储量后,至 1994 年没有新增探明的气田,地质储量增加 10.9 亿 m^3 的原因是涠洲 10-3 油田新增天然气储量。

第二阶段(1995—1996 年):累计天然气探明地质储量由 1 899.96 亿 m^3 增长到 2 095.21 亿 m^3。探明储量增长的原因是新增 2 个气田的储量,即东方 1-1、乐东 15-1 气田,登记的气田增加到 3 个。此外增加了少量的油藏气顶气(涠洲 12-8 气顶气、涠洲 12-1 气顶气),在这个阶段对东方 1-1 气田储量进行重算(1995 年新增储量计算,1996 年资料增加进行储量重算),储量有所增加。

第三阶段(1997—2002 年):累计天然气探明地质储量由 2 503.31 亿 m^3 增长到 2 510.47 亿 m^3。探明储量增长的原因是新增 1 个气田的储量,即乐东 22-1 气田,登记的气田增加到 4 个。此外增加了少量的油藏气顶气及夹层气储量(涠洲 6-1 气顶气、文昌 14-3 油田夹层气)。在这个阶段对崖城 13-1 气田储量进行复算(1996 年),储量有所变化。

第四阶段(2003—2006 年):累计天然气探明地质储量由 2 651.2 亿 m^3 增长到 2730 亿 m^3。探明储量增长的原因是新增 5 个气田的储量,即崖城 13-4、文昌 9-2、文昌 9-3、文昌 10-3、东方 29-1 气田,登记的气田增加到 9 个。此外增加了少量的油藏气顶气及夹层气储量(涠洲 6-1 气顶气、文昌 14-3 油田夹层气)。在这个阶段对崖城 13-1 气田进行储量核算(2003 年),储量有所增加。2005 年采用新的储量规范对 2004 年以前登记的储量进行套改,储量略有变化。各阶段的天然气储量如图 4-8 所示。

二、油气田产量

截至 2006 年底,南海油气田累计石油产量 17 030 万 t,天然气产量 466 亿 m^3。

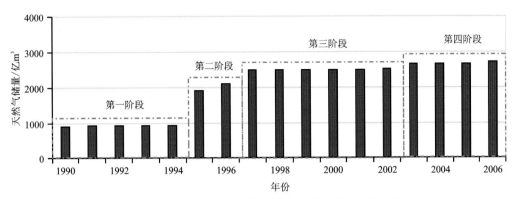

图 4-8　南海西部油气区累计天然气探明地质储量统计图

（一）南海东部油气区

截至 2006 年底，南海东部油气区已发现含油气构造 60 个，开发油气田 15 个，共采出石油 13 820 万 t（16 140 万 m³），形成 4 个油田群（惠州、西江、番禺、陆丰）和 1 个相对独立的流花 11-1 油田开发的大格局。

从 1990 年 9 月 13 日第一个油田——惠州 21-1 油田投入生产开始，至 2006 年南海东部油气区已生产石油 16 年。1996 年年产量首次突破千万立方米（1370 万 m³），以后连续 11 年年产量在千万立方米以上。2005 年开发井总数 206 口，当年石油产量 1331 万 m³，是建产以来的第二个高产期。单井产能在 300m³/d 以上的井占总生产井数的 1/5，而产能占 50% 以上。

南海东部油气区从惠州 21-1 油田投产起到 2003 年 7 月 24 日，我国正式全面接管流花油田，走的是一条先期以对外合作为主，后期逐步实现自营的路子。

1. 原油生产

南海东部油气区含油层系主要分布在韩江组、珠江组及珠海组，除流花 11-1 油田为礁灰岩油藏外，其余均为砂岩油藏。大部分油田储量丰度高、储层分布稳定且连通性好，储层物性和原油性质好，边底水天然能量充足。

按石油产能的变化和开发策略的调整，大致分为 1990—1995 年和 1996—2006 年两个阶段。

第一阶段：快速建产、高速开发阶段。惠州 21-1 油田和惠州 26-1 油田取得突破后，以总体思路为指导，立足海相砂岩油藏的优越条件，建立具有珠江口盆地特色的地质油藏数模和高效开发理论体系。以此为突破口，针对性引进先进的钻完井和采油工艺技术和设备手段，开创性地设计建造全海式海洋工程系统，采用外国油公司的国际化合同管理模式，扎实高效推动各合同区块的油田建设。

第二阶段：长期稳产高产阶段。采用新模式、新技术，通过滚动勘探开发，实现新区块和油田的接替，发现新油气田及含油气构造 40 个，实现原油产量连续 11 年年产量超千万立方米。

据《中国油气田开发志》（2011），截至 2005 年底，南海东部油气区共有 15 个油田在生产；共有油井 202 口，气井 4 口。油气田历年开发综合数据如表 4-4，图 4-9 所示。

表 4-4　南海东部油气区历年开发综合数据表(截至 2005 年底)

年份	生产油气田数/个	动用地质总储量/万 t	年投产油井数/口	累计投产油井数/口	钻井总数/口	年产油量/万 t	累计产油量/万 t
1990 年	1	1932	10	10	15	17	17
1991 年	2	6406	19	29	35	139	156
1992 年	2	6406	4	33	35	327	483
1993 年	3	8434	5	38	41	344	827
1994 年	4	11 963	1	39	43	437	1264
1995 年	7	22 075	31	70	76	661	1925
1996 年	8	42 151	30	100	108	1370	3295
1997 年	10	45 032	9	109	119	1511	4806
1998 年	10	45 032	11	120	130	1460	6266
1999 年	11	46 029	7	127	135	1294	7560
2000 年	12	46 463	9	136	141	1371	8931
2001 年	12	46 463	12	148	151	1218	10 149
2002 年	12	46 463	1	149	155	1094	11 243
2003 年	14	51 128	10	159	166	1008	12 251
2004 年	15	52 391	20	179	190	1260	13 511
2005 年	15	54 149	19	198	206	1331	14 842

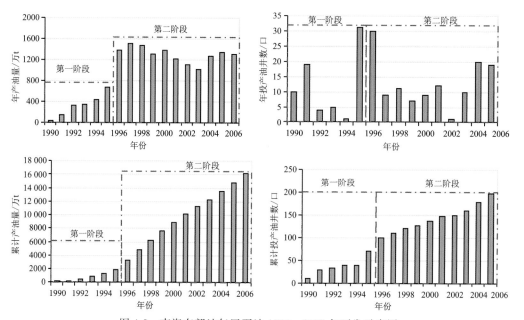

图 4-9　南海东部油气区石油 1990—2006 年开发示意图

2. 天然气生产

2006 年,南海东部油区内仅惠州 21-1 油田的气藏投入开发,番禺 30-1 气田正在建设之中,其他油田群未发现具有开采价值的气藏,无气井生产。截至 2006 年底,南海东部油区天然气累计产量 23 亿 m³。

(二)南海西部油气区

1. 福山油田公司

2002 年福山油田公司油气产量当量突破 10 万 t。2004 年花场油气处理站正式投产使用,标志着福山油田的勘探开发进入了一个崭新的阶段。据《全国各油气田油气矿产探明储量表》,截至 2006 年底福山油田公司投入开发油气田 2 个(美台油田和花场油气田),累计采出石油 40 万 t,天然气 7 亿 m³。

2. 中海油湛江分公司

截至 2006 年底,中海油湛江分公司已有 21 年油气田开发历史,探明 27 个油气田;投入开发油田 6 个、气田 2 个,除涠洲 10-3N 油田停产废弃外,其余油气田均正常生产。截至 2006 年底,中海油湛江分公司投入开发的油气田累计石油产量 3170 万 t,天然气产量 436 亿 m³。

南海西部油气区开发大大加快了海洋工程和设备国产化的进程。南海西部油气区 1996 年正式向香港供气,对保持香港繁荣稳定起到了一定作用;向海南供气,用于民用、发电和建立以海南东方化肥为主的天然气化工基地,对海南省的经济发展起了积极推动的作用。

1)油田

中海油湛江分公司的油田开发,采用发现一个、评价一个、开发一个的方法。截至 2006 年底,已发现和投产的油田皆为中小油田,建成北部湾涠西南油田群和珠江口文昌油田群。

涠西南油田群:涠洲 10-3 油田、涠洲 10-3N 油田、涠洲 11-4 油田、涠洲 12-1 油田组成联合开发体,由 7 座海上石油生产平台、2 座单点系泊、1 座陆上终端站、海底管道和电缆组成。

涠洲 10-3 油田—涠洲 11-4 油田—涠洲 12-1 油田—涠洲终端—单点系泊油气集输管网的形成,不仅提高了北部湾台风区涠西南中小油田的生产效率,降低生产操作费,而且极大地降低了沿管网的小油田投入开发的经济下限,为涠西南整体滚动开发创造了条件。

文昌油田群:文昌 13-1 油田和文昌 13-2 油田组成联合开发体,由 2 座海上石油生产平台、固定生产储油轮、1 座单点系泊、海底管道和电缆组成。除涠洲 10-3N 油田为碳酸盐岩油藏外,其余均为碎屑岩油藏。

自涠洲 10-3 油田投产,到 2005 年底油气区内共有油井 90 口。涠洲油田群与文昌油田群历年开发综合数据见表 4-5。

表 4-5　中海油湛江分公司油田历年开发综合数据表(截至 2005 年底)(据《中国油气田开发志》编纂委员会,2011)

时间	生产油田数/个	动用地质储量		累计采油井数/口	年产油/万 m³	累计产油/万 m³	综合气油比
		石油/万 m³	天然气/亿 m³				
1986 年	1	1 539.00	22.22	6	18.65	18.65	191
1987 年	1	1 539.00	22.22	9	42.40	61.05	221
1988 年	1	1 539.00	22.22	7	34.12	95.17	268
1989 年	1	1 539.00	22.22	10	24.20	119.37	401
1990 年	1	1 539.00	22.22	11	24.79	144.16	333
1991 年	2	2 227.78	24.90	8	29.04	173.20	243
1992 年	2	2 685.78	31.51	12	29.46	202.66	152
1993 年	3	4 959.61	32.54	22	58.74	261.40	110
1994 年	3	4 959.61	32.54	37	115.69	377.09	82
1995 年	3	4 976.61	32.79	36	95.18	472.27	91
1996 年	3	4 976.61	32.79	37	110.67	582.94	85
1997 年	3	4 976.61	32.79	34	114.76	697.70	107
1998 年	2	4 372.92	29.95	33	96.37	794.07	98
1999 年	3	7 449.66	68.37	52	188.81	982.88	92
2000 年	3	7 449.66	68.37	48	250.77	1 233.65	119
2001 年	3	7 449.66	68.37	51	227.95	1 461.60	112
2002 年	5	11 074.06	74.04	71	375.72	1 837.32	75
2003 年	5	11 709.35	79.43	80	491.74	2 329.06	40
2004 年	5	12 014.13	79.65	86	438.18	2 767.24	41
2005 年	5	12 929.69	87.37	90	375.58	3 142.82	50

　　2003 年南海西部油气区原油年产量达到 491.74 万 m³,由于主力油田(涠洲 11-1 油田、涠洲 12-1 油田和文昌 13-1/2 油田)相继进入递减期,又无新油田投产补充,尽管采取了调整钻井、调层补孔、堵水等多项措施,但油区原油产量仍然不断下降。2004 年油区产量降到 438.18 万 m³,2005 年进一步降到 375.58 万 m³,2006 年增加到 440 万 m³,见图 4-10。

　　2)气田

　　中海油湛江分公司投入开发的气田有崖城 13-1 气田和东方 1-1 气田,构造相对简单,但储层变化和水分分布复杂,开发后动用储量均低于预期,截至 2006 年底,累计采气量 436 亿 m³。

　　不断扩大井网动用储量规模,严格按所签订的供气合同的气量、气质生产,于 2005 年天然气最高年产量达 48.42 亿 m³(据《中国油气田开发志》编纂委员会,2011),见表 4-6,图 4-11。

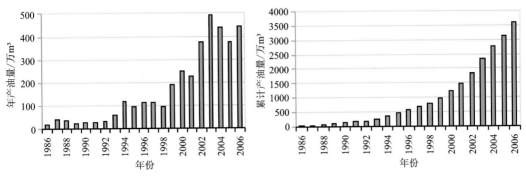

图 4-10 南海西部油气区年产原油量(截至 2006 年底)

表 4-6 中海油湛江分公司气田历年开发综合数据表(截至 2006 年底)

时间	生产气田数/个	动用地质储量		采气井开井数/口	年产气/亿 m³	累计产气/亿 m³	年产油/万 t	累计产油/万 m³
		石油/万 t	天然气/亿 m³					
1995 年	1	187.04	602.00	6	0.91	0.91	0.08	0.08
1996 年	1	187.04	602.00	6	22.61	23.52	5.06	5.14
1997 年	1	187.72	604.20	6	36.8	60.32	8.55	13.69
1998 年	1	187.72	604.20	6	34.76	95.08	8.15	21.84
1999 年	1	187.72	604.20	6	37.64	132.72	9.26	31.10
2000 年	1	284.98	917.24	7	34.87	167.59	8.72	39.82
2001 年	1	284.98	917.24	9	34.69	202.28	13.47	53.29
2002 年	1	284.98	917.24	9	33.29	235.57	21.28	74.57
2003 年	2	284.98	1 790.30	21	28.31	263.88	11.49	86.06
2004 年	2	284.98	1 790.30	22	45.41	309.29	16.66	102.72
2005 年	2	284.98	1 790.30	24	48.42	357.71	16.33	119.05

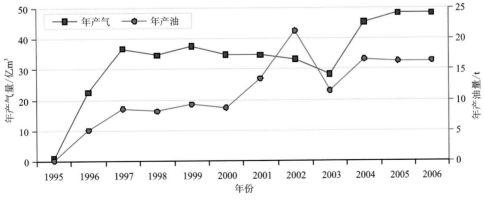

图 4-11 南海西部油气区石油与天然气的年产量(截至 2006 年底)

三、滚动勘探开发实例

珠江口盆地：1990 年惠州 21-1 油田建成投产后,之后五年有惠州 26-1、惠州 32-2、惠州 32-3、西江 24-3、西江 30-2、陆丰 13-1 和流花 11-1 等 7 个油田相继投产。1995 年以后,利用合作油田有利条件,对区块滚动勘探、滚动开发,不断有突破,相继发现和投产南海东部的惠州 32-5(惠州 26-1 油田北区)、惠州 19-3、惠州 19-2、番禺 4-2、番禺 5-1、陆丰 22-1 和南海西部的文昌 13-1、文昌 13-2 等油田。截至 2006 年底,主要投产油田累计产油量见图 4-12,累计产油 14 740 万 t,产气 24 亿 m³。

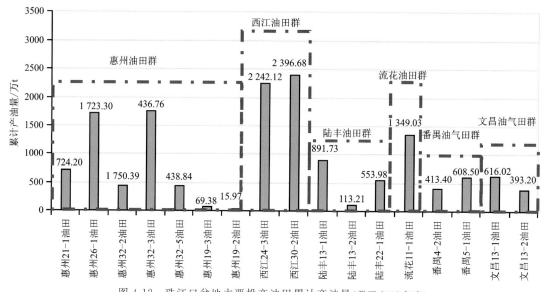

图 4-12　珠江口盆地主要投产油田累计产油量(截至 2006 年底)

北部湾盆地：截至 2006 年底,北部湾盆地海域有涠洲 10-3、涠洲 10-3N(于 1997 年停产废弃)、涠洲 11-4、涠洲 12-1 油田投入生产,4 个油田累计产油 2010 万 t,产气 26 亿 m³;陆域有福山油田的美台油田和花场油气田,2 个油气田累计产油 40 万 t,产气 7 亿 m³。

琼东南盆地：截至 2006 年底,崖城 13-1 气田累计产气 352.3 亿 m³,产油 104 万 t。

莺歌海盆地：1989 年中国海洋石油总公司看好珠江三角洲的天然气下游市场,决定加大对天然气勘探的力度,把勘探莺-琼盆地建设莺-琼大气区作为"八五"计划的五大战略之一,再上莺歌海自营钻探寻找天然气,发现东方 1-1 气田、乐东 15-1 气田、乐东 22-1 气田,其中东方 1-1 气田于 2003 年投产。截至 2006 年底,东方 1-1 气田累计产气 53.8 亿 m³。

北部湾盆地、琼东南盆地、莺歌海盆地主要投产油气田的石油、天然气累计产量见图 4-13。

据《中国油气田开发志》(2011)等数据,截至 2006 年底各盆地油气田勘探、开采相关信息如表 4-7 所示。

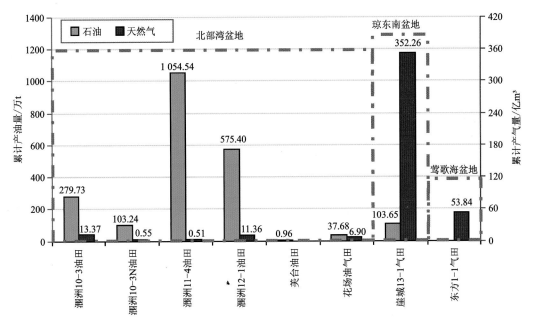

图 4-13　北部湾、琼东南、莺歌海盆地主要投产油田累计产油气量（截至 2006 年底）

表 4-7　四大盆地油气田数据表（截至 2006 年底）

盆地	油气田群	油田名称	发现日期	投产日期	累计产量		备注
					石油/万 m³	天然气/亿 m³	
珠江口盆地	惠州油田群	惠州 21-1 油田	1985 年	1990 年	724.20	23.03	南海东部油气区第一个投产油田
		惠州 26-1 油田	1988 年	1991 年	1 723.30	0.21	—
		惠州 32-2 油田	1990 年	1995 年	436.76	—	—
		惠州 32-3 油田	1991 年	1995 年	1 750.30	—	—
		惠州 32-5 油田	1996 年	1999 年	438.84	—	—
		惠州 19-3 油田	2000 年	2004 年	69.38	—	—
		惠州 19-2 油田	2001 年	2005 年	15.97	—	—
	西江油田群	西江 24-3 油田	1985 年	1994 年	2 242.12	—	南海东部油气区发现的第一个具有商业价值的油田
		西江 30-2 油田	1988 年	1995 年	2 396.68	—	投产后促使西江油田群的产量居各油田（群）之首

续表 4-7

盆地	油气田群	油田名称	发现日期	投产日期	累计产量 石油/万 m³	累计产量 天然气/亿 m³	备注
珠江口盆地	陆丰油田群	陆丰 13-1 油田	1987 年	1993 年	891.73	—	南海东部油气区最早独立投入开发的油田
		陆丰 13-2 油田	1988 年	2005 年	113.21	—	从设计、制造、安装全部自主建设
		陆丰 22-1 油田	1989 年	1997 年	553.98	—	—
	流花油田群	流花 11-1 油田	1987 年	1996 年	1 349.03	—	深圳分公司第一个自营油田
	番禺油气田群	番禺 4-2 油田	1998 年	2003 年	413.40	—	—
		番禺 5-1 油田	1999 年	2003 年	608.50	—	—
	文昌油田群	文昌 13-1 油田	1997 年	2002 年	616.02	0.72	—
		文昌 13-2 油田	1997 年	2002 年	393.20	0.27	—
	合计				14 736.71	24.23	—
北部湾盆地	涠西南油田群	涠洲 10-3 油田	1982 年	1986 年	279.73	13.37	南海对外合作投入开发的第一个油田
		涠洲 10-3N 油田	1989 年	1991 年	103.24	0.55	1997 年终止生产并废弃
		涠洲 11-4 油田	1978 年	1993 年	1 054.54	0.51	—
		涠洲 12-1 油田	1994 年	1999 年	575.40	11.36	—
	福山油田	美台油田	1998 年	—	0.96		—
		花场油气田	1999 年	2004 年	37.68	6.90	—
	合计				2 051.55	32.69	—
琼东南盆地	—	崖城 13-1 气田	1983 年	1996 年	103.65	352.26	南海西部第一个投产气田,向香港、海南供气
莺歌海盆地	—	东方 1-1 气田	1992 年	2003 年	—	53.84	中国最大的海上自营气田

"南海油气"丛书

第五章

自主攻关 突破禁区向深水

深水、高温、高压是长期困扰我国南海油气勘探开发的难题,也是国际海上油气勘探开发公认的世界性难题,而我国南海海域处于深水高温高压条件下的资源量约占我国南海资源量的一半。

自主勘探开发阶段(2007年以来),随着对地质理论的新认识和科技攻关的新突破,中国以中国海油集团为代表在南海北部湾盆地、珠江口盆地、琼东南盆地、莺歌海盆地陆续有油气新发现,总体表现为:①2010年发现了东方13-1高温高压气田,从此南海西部高温高压勘探进入快速发展阶段,相继探明东方13-1、东方13-2、陵水25-1等多个气田;②深水区油气储量规模大,富集于新近系,已成为南海北部新增储量的主要来源,如南海北部珠江口盆地白云凹陷深水区、琼东南盆地中央峡谷水道、莺歌海盆地中央底辟边缘朵体陆续有重大发现。

第一节 勇创新 力克高温高压

南海高温高压区油气勘探之难,首先难在钻井,包括四大难题:①如何精准预测异常压力?传统压力预测方法极易造成溢流井漏甚至井喷,井眼报废率高达30%;②如何保障井筒安全?高温高压环境下,井筒泄漏及环空带压严重,问题尚未有效解决;③如何确保测试成功?海上高温高压井测试,作业成功率仅56%;④如何实现优质高效?高温高压井钻井液密度高、稳定性差,导致钻速低、周期长、成本高、环保压力大,钻井即使打得了,也打不起。

以国家科技重大专项、863计划等项目为依托,从1998年开始,中海油反复研究、实践,2010年在东方1-1-14探井获得日产高温高压优质高产天然气63.69万 m^3 的成功之后,又成功获得中深部(>3000m)高温超压黄流组层系气层厚度35m、单井日产120万 m^3 的大型(685.79亿 m^3)优质(甲烷90%~95%、CO_2<5%)高产天然气田——东方13-2气田,经过不断完善,在地质认识方面,创新地提出了中深层高温高压天然气成藏理论,打破了西方认为高温高压下石油、天然气成藏的"三无"理论,确定莺-琼盆地蕴藏丰富的天然气,标志着天然气勘探开发将逐步迈入高温超压的新时代;钻完井技术方面,形成了多源多机制压力精确预测、多级井筒安全保障、多因素多节点测试、优质高效作业四大创新技术,破解了南海高温高压区"噩梦"般的四大难题。经实践检验,四大技术中的11项关键技术在当时有8项处于世界领先或前列(瞿剑,2018)。

1. 东方13-1气田

东方13-1气田是东方1-1气田的中深层气藏,位于南海莺歌海盆地底辟带,上中新统黄流组主要气层埋深于2500~3000m,地温梯度平均4.36℃/100m,压力系数为1.8~2.0,属于典型的中深层高温高压气藏,并入东方1-1气田进行统一开采。D14井主要产气层黄流组埋

深在 2910~2997m 之间,为一套浅灰色大型海底扇细砂岩,测井解释孔隙度为 14.6%~15.7%,渗透率(2.5~7.4)×$10^{-3}\mu m^2$,尤以顶部气层段物性最好,DST 测试获高达 6.3 万 m^3/d 的高产优质气流,井深 2945m(海拔 2922m)的压力为 54.6MPa(压力系数为 1.91),地层温度 143℃(地温梯度 4.36℃/100m),属于典型的强超压高温气藏(图 5-1)(谢玉洪和黄保家,2014)。

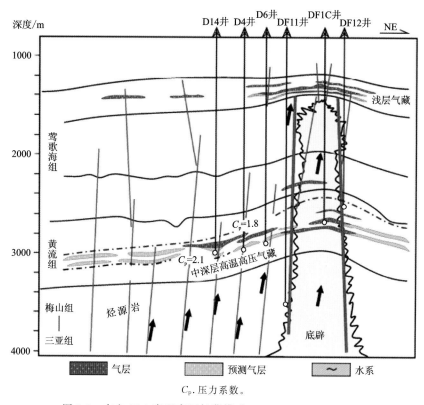

图 5-1　东方 13-1 高温高压气藏模式(据谢玉洪和黄保家,2014)

地质分析及实验揭示,在与底辟相关的高温高压中新统含油气系统中,由于欠压实,产生高压的地层含有较多的孔隙水,且天然气在水中具有高的溶解度,若按下中新统三亚组的温压条件计算,天然气在水中溶解度可达 $10.5m^3/m^3$,因此,这意味着其中至少有部分天然气可能以水溶相运移。盆内丰富的气源为水溶气快速饱和直至出溶奠定了丰厚的物质基础;底辟活动及其伴随的温压瞬态变化加速了水溶气出溶,释放出大量游离气;黄流组发育的海底扇细砂岩造就了良好的气-水离析空间和聚集场所;而其上覆高压泥岩层构成了有效的封盖,从而形成了东方 13-1 气田。这种成藏机理揭示盆内底辟带高温高压领域具有良好的大中型气田勘探潜力。

2. 东方 13-2 气田

中海油在 20 世纪 90 年代发现并投产了东方 1-1、东方 13-2 等多个气田,而莺歌海盆地埋深 3000m 以下的地层,是全球三大海上高温高压区域之一,温度达 150℃以上,压力系数超 1.8,其油气资源勘探开发属世界级难题(天工,2020)。

东方 13-2 气田位于海南省东方市以西 120km 的南海莺歌海盆地地层深处。20 世纪 80 年代,多家国外石油公司来此勘探,因地质认识难度大、钻井成本高、风险大,均失利退出。中海油持续攻关,创新高温高压天然气成藏理论,攻坚钻井技术,2012 年发现东方 13-2 气田(发现井深 3168m),莺歌海盆地中深层开发迎来勘探的春天。经过深入攻坚,我国成为世界上少数系统掌握高温高压气田勘探开发技术的国家之一。

2015 年,东方 13-2 气田开始产能建设。截至 2015 年底,东方 13-2 气田天然气探明地质储量将近 700 亿 m³,凝析油 110 多万吨。

第二节 强装备 豪取深海油气

深海已成为全球油气开采的重要区域。我国南海地区的油气资源,占我国油气总资源量的 1/3,其中有 70% 的资源蕴藏在深海区域。

2006 年,为提高我国深海油气勘探开发能力,形成深水海洋油气勘探开发产业链,提升我国海洋油气产业参与国际竞争的能力,推动我国装备制造业向深水高端领域进军,实现我国深海油气勘探开发技术跨越式发展,863 计划海洋技术领域办公室在广泛、深入的战略研究和需求分析的基础上,启动了“南海深水油气资源勘探开发关键技术及装备”重大项目。项目累计投入国拨经费 2.43 亿元,各承担单位配套投入研发经费 4.05 亿元。该项目吸引了国土资源部、教育部、国家海洋局、中国石油集团、中国海油集团、中国石化集团、中船重工集团等部门和大型集团公司所属工程、技术研究单位、高校累计 104 家单位参与攻关,参与项目研发任务的研究人员达到 1690 人。该项目申请专利 286 项,其中发明专利 149 项,获得授权专利 154 项;获得软件著作权登记 65 项,发表论文 931 篇,出版专著 6 部;制定国家、行业技术标准 10 项,建立了 2 个研究基地;培养了一大批我国急需的深水油气勘探开发领域的高层次人才,包括博士研究生 207 人、硕士研究生 396 人,以及实验设计、工程的领军人才近百人。项目成果为南海第一批 4 口深水油气探井及 5 万多千米深水油气综合地球物理勘探作业提供了技术支持。

“十二五”期间,863 计划海洋技术领域在“十一五”期间“南海深水油气勘探开发关键技术及装备”项目研发成果的基础上,启动了深水油气勘探开发攻克系列核心关键技术,推动一批重大装备实现产业化,以期为维护我国海洋权益、推动我国油气工业走向深水和海外提供强有力的技术和装备支撑。

“南海深水油气勘探开发关键技术及装备”重大项目重点在深水油气资源勘探、钻完井、海洋工程和安全保障 3 个方面开展关键技术研究,完成了深水半潜式钻井平台和深水铺管系

统设计建造技术的研发,为我国第一艘深水半潜式钻井平台"海洋石油 981"和第一艘深水铺管船"海洋石油 201"(图 5-2)等重大装备提供了技术支撑;自主研制了我国第一套海上高精度地震勘探技术装备,初步形成了适用于南海的深水油气盆地综合地球物理勘探评价技术;研制了深水防喷器、深水钻井隔水管、深水水下井口头等深水核心装备工程样机;研发了具有我国自主知识产权的深水井身结构设计、表层钻井、井控、钻井液、固井、完井测试等关键技术,并成功应用于南海深水油气勘探开发工程;构建了深水油气工程的公共实验平台,具备4000m 深水海洋工程试验的能力,新型平台的设计技术和灾害海洋环境下平台安全性评估技术等有了重要的发展。这些成果初步形成了 3000m 深水油气勘探开发技术能力,为我国水深300～3000m 的深水油气田的勘探开发提供了技术支撑。

(a)　　　　　　　　　　　　　　　(b)

图 5-2　"海洋石油 981"平台(a)和"海洋石油 201"平台(b)

过去南海油气勘探开发主要集中于浅水区,但对新发现油气藏进行统计分析,深水区油气所占比重逐渐提高,正成为南海油气资源的战略接替区,此特征从 2011—2015 年南海周边勘探形势可以体现出来(张强等,2018),见表 5-1。

表 5-1　南海油气探明可采储量水深分布表

年份	探明可采油当量/万 t		深水比例/%
	浅水	深水	
2011 年	23 992	655	2.66
2012 年	7849	8781	52.80
2013 年	9055	3681	28.90
2014 年	8644	8503	49.59
2015 年	88	2861	97.02

从发现的油气藏类型也能体现出,2011—2015 年南海共计新增探明可采储量 7.41 亿 t油当量,其中与深水沉积体相关的油气藏储量达 4.09 亿 t 油当量,占近年新增总探明可采储量的 55%,可见深水区已成为南海油气勘探的主战场,见图 5-3。

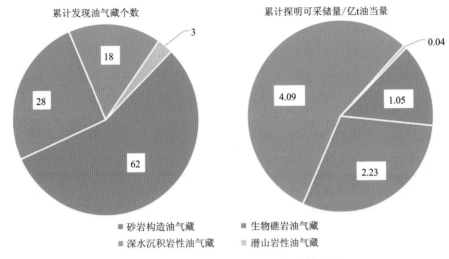

图 5-3　南海 2011—2015 年新发现不同类型油气藏特征图（据张强等，2018）

一、我国第一个深水气田——荔湾 3-1 气田

荔湾 3-1 气田是我国第一个真正意义上的深水气田。2006 年钻 LW3-1-1 井，完钻井深 3843m，发现荔湾 3-1 气田。荔湾 3-1 气田所处海域位于珠江口盆地白云凹陷，香港东南 300km 处，平均水深 1500m。由中海油与和记黄埔旗下的哈斯基能源公司合作开发，前者拥有该气田 51% 的股份，后者持有 49% 的股份。

荔湾 3-1 平台是我国自主研发、亚洲最大的深海油气平台，属于天然气综合处理平台，是具有世界级建造难度的超大型海洋钢结构物，刷新了中国海洋石油工程建设的新纪录。从海底抽上来的油气将通过导管架外设置的管道输送到天然气平台，然后进行油、气分离，去除杂质、水分，产出的天然气供应市场，整个控制系统全部自动化，相当于把一座工厂搬到了海上。

对于整个荔湾 3-1 气田来讲，从 2006 年发现，到 2013 年建成投产，整整经历了 7 年。此后，中国海油以荔湾 3-1 气田为核心，滚动开发周边深水天然气资源，形成中国南海第一个深水气田群。截至 2015 年底，荔湾 3-1 气田累计探明地质储量天然气近 500 亿 m³，凝析油 320 万 t 左右；累计采出天然气 40 多亿 m³，凝析油近 70 万 t。

二、琼东南盆地中央坳陷带气田

早在 20 世纪 80 年代，国务院副总理、石油工业部部长康世恩同志就提出，要在南海寻找万亿大气区。

1. 我国海域自营深水勘探第一个重大油气发现、储量超千亿立方米的气田——陵水 17-2 气田

2014 年 9 月 15 日，中海油湛江分公司钻 LS17-2-1 井，完钻井深 3510m，对外证实南海陵

水 17-2 气田为大型气田,引起海内外广泛关注。陵水 17-2 气田由"海洋石油 981"钻井平台负责作业。首次测试成功获得高产油气流,测试日产天然气 56.5Mscf(约 160 万 m³),相当于 1 372.4t 油当量。此次为首次对外透露测试日产量数据,该产量数字创造了中国海油自营气井测试日产量最高纪录,初步表明陵水 17-2 气田为大型气田。陵水 17-2 测试的成功创下三项"第一":中国海油深水自营勘探获得了第一个高产大气田;"海洋石油 981"钻井平台第一次深水测试获得圆满成功;自主研发的深水模块化测试装置第一次成功运用。从"摸着石头过河"到创下三项"第一",从中外合作到自主开发,陵水 17-2 气田见证了我国深海找气的峥嵘岁月。

陵水 17-2 气田地质结构复杂,埋深大,存在高温高压等诸多难题,在开发过程中,项目团队攻克诸多难题,填补了多项深海油气勘探技术空白。同时,南海北部珠江口、琼东南盆地深水区,分布着白云、荔湾、宝岛、陵水、乐东等众多凹陷,天然气勘探潜力巨大,这些凹陷具有相似的充填发育、发展历史,有着相似的油气地质环境和成藏条件。陵水 17-2 构造勘探获突破,进一步证实了这一排凹陷发现大批天然气田的可能性,使得这里的勘探前景更加明朗。

陵水 17-2 气田是中国海域自营深水勘探的第一个重大油气发现,截至 2015 年底,天然气探明地质储量超千亿立方米,凝析油接近 700 万 t。

2. 陵水 13-2、陵水 25-1、陵水 18-1 气田

2015 年中海油湛江分公司勘探证实陵水 13-2、陵水 25-1、陵水 18-1 气田的存在,3 个气田天然气探明地质储量合计 727.33 亿 m³,凝析油 505.22 万 t。

陵水 25-1S-1 井是中海油南海西部石油管理局继在南海发现中国首个储量超千亿立方米自营深水大气田陵水 17-2 后,在南海的又一口重要探井,水深近千米,设计井深 4000m,目的层压力系数为 1.7~1.9,温度超 150℃,属于典型的高温高压井,是我国海上首口深水高温高压探井。该井于 2015 年 8 月 24 日顺利完钻,进一步探明了陵水 25-1 气田天然气储量,有力推动了南海油气资源开发,对南海大气区建设、保障中国能源安全意义重大。

第三节 勘探开发成果

据统计,截至 2015 年底我国南海各油气田(共计 104 个)累计探明地质储量为石油 123 220 万 t,天然气 6625 亿 m³;累计技术可采储量为石油 42 620 万 t,天然气 3969 亿 m³;累计产量为石油 29 240 万 t,天然气 1090 亿 m³。

我国油气勘探开发主要集中在南海北部。

一、石油

加速勘探阶段,由于勘探发现新增油气田以及原有油气田的复核新增储量,石油(原油＋凝析油)的累计探明地质储量、累计技术可采储量均逐年增长。

2015 年新增探明石油地质储量为 6810 万 t,达历年最高,较 2014 年增加了 850 万 t,见图 5-4(a)。

2015 年石油年产量最高,达到 1710 万 t,较 2014 年增加了 350 万 t,同比增长了 25.54％。其中,中海油深圳分公司生产 1190 万 t,约占 69.56％,中海油湛江分公司生产 490 万 t,约占 28.68％,福山油田公司生产 30 万 t,约占 2％,见图 5-4(b)。

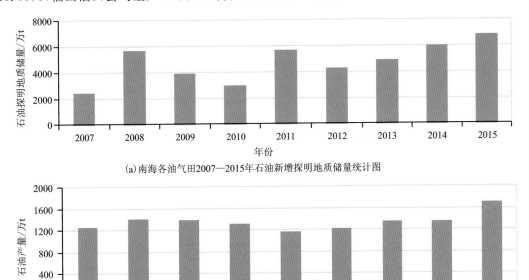

(a)南海各油气田2007—2015年石油新增探明地质储量统计图

(b)南海各油气田2007—2015年石油年产量统计图

图 5-4　南海各油气田 2007—2015 年石油矿产储量、产量统计图

二、天然气

加速勘探阶段,由于勘探发现新增油气田以及原有油气田的复核新增储量,天然气的累计探明地质储量、累计技术可采储量整体均呈现逐年增长的趋势,但由于 2010 年对乐东 22-1 气田、东方 1-1 气田等多个大气田的储量进行复算(核算)后有所减少,故而 2010 年天然气累计探明储量、累计技术可采储量均有所下降。

受益于陵水 17-2 大气田的突破性勘探成果,2014 年新增探明天然气地质储量为 1113 亿 m^3,为历年最高,较 2013 年增加了 983 亿 m^3,见图 5-5(a)。

2015 年天然气年产量最高,达到 89 亿 m³,较 2014 年增加了 15 亿 m³,同比增长了 20.64%。其中,中海油深圳分公司生产 44 亿 m³,约占 49.75%,中海油湛江分公司生产 43 亿 m³,约占 48.66%,福山油田公司规模小,天然气产量低,不足 2 亿 m³,约占 1.59%,见图 5-5(b)。

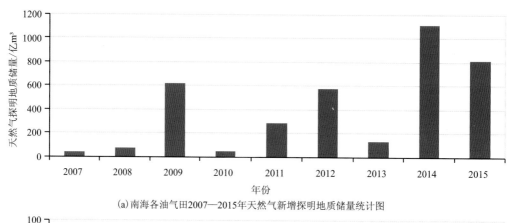

(a)南海各油气田2007—2015年天然气新增探明地质储量统计图

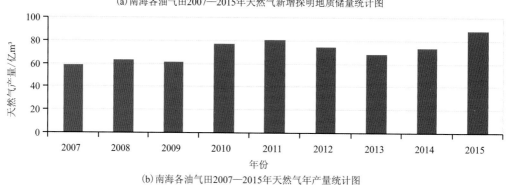

(b)南海各油气田2007—2015年天然气年产量统计图

图 5-5　南海各油气田 2007—2015 年天然气矿产储量、产量统计图

第四节　南海北部陆缘盆地勘查开采

　　我国南海油气勘查开采主要集中在珠江口盆地和北部湾盆地、莺歌海盆地、琼东南盆地。以东经 113°10′ 为界,珠江口盆地东部作业者为中海油深圳分公司;珠江口盆地西部、北部湾盆地、莺歌海盆地、琼东南盆地作业者有中海油湛江分公司、福山油田公司以及中石化江苏油田分公司、中石化上海油气分公司。截至 2015 年底,我国南海海域有 100 多个油气田处于勘探开发状态。

　　截至 2015 年底累计探明地质储量。①石油:珠江口盆地累计探明最高,为 88 180 万 t,约占整个南海的 72%;北部湾盆地次之,琼东南盆地约占 1%,莺歌海盆地占比仅为 0.14%。

②天然气:琼东南盆地累计探明最高,为 2514 亿 m³,约占整个南海的 38%;莺歌海盆地次之,约占 32%;珠江口盆地约占 24%;北部湾盆地最少,见图 5-6。

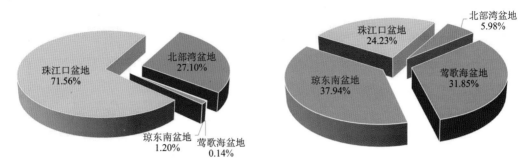

(a) 截至2015年底南海各盆地累计探明地质储量比例图（石油）

(b) 截至2015年底南海各盆地累计探明地质储量比例图（天然气）

图 5-6 截至 2015 年底南海各盆地石油、天然气累计探明地质储量比例图

2015 年新增探明地质储量。①石油:珠江口盆地新增探明地质储量最高,为 3480 万 t,约占整个南海的 51%;北部湾盆地次之,约占整个南海的 42%;琼东南盆地占 7% 左右,莺歌海盆地无新增探明地质储量。②天然气:琼东南盆地新增探明地质储量最高,为 727 亿 m³,约占整个南海的 89%;珠江口盆地次之,约占 9%;北部湾盆地约占 2%;莺歌海盆地无新增探明地质储量,见图 5-7。

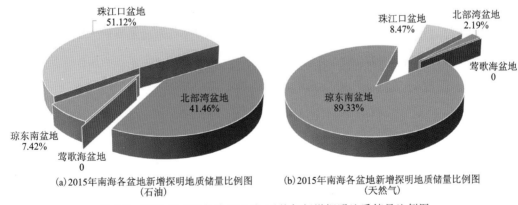

(a) 2015年南海各盆地新增探明地质储量比例图（石油）

(b) 2015年南海各盆地新增探明地质储量比例图（天然气）

图 5-7 2015 年南海各盆地石油、天然气新增探明地质储量比例图

截至 2015 年底累计产量。①石油:珠江口盆地石油总产量最高,为 25 290 万 t,约占整个南海的 86%;北部湾盆地次之,约占 13%;琼东南盆地约占 1%;莺歌海盆地占比不到 1%。②天然气:琼东南盆地天然气总产量最高,为 542 亿 m³,约占整个南海的 50%,莺歌海盆地次之,约占 28%;珠江口盆地约占 17%;北部湾盆地天然气总产量最少,为 60 亿 m³,约占 5%,见图 5-8。

2015 年年产量。①石油:珠江口盆地年产量最高,为 1430 万 t,约占整个南海的 84%;北部湾盆地次之,约占 16%;琼东南盆地与莺歌海盆地年产量占比均不到 1%;②天然气:珠江口盆地年产量 45 亿 m³,约占 50%;莺歌海盆地次之,约占 34%;琼东南盆地约占 12%;北部湾盆地约占 4%,见图 5-9。

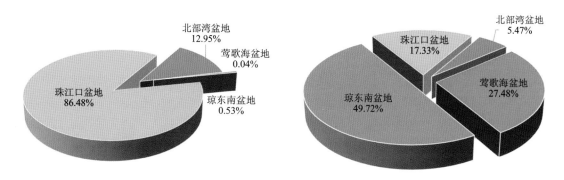

(a) 截至2015年底南海各盆地累计产量比例图
(石油)

(b) 截至2015年底南海各盆地累计产量比例图
(天然气)

图 5-8　截至 2015 年底南海各盆地石油、天然气累计产量比例图

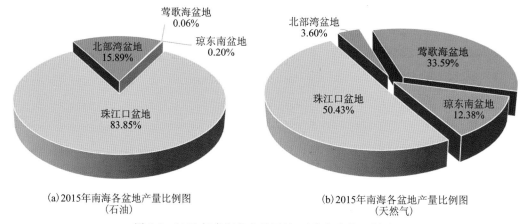

(a) 2015年南海各盆地产量比例图
(石油)

(b) 2015年南海各盆地产量比例图
(天然气)

图 5-9　2015 年南海各盆地石油、天然气产量比例图

一、珠江口盆地

截至 2015 年底,珠江口盆地累计探明地质储量为石油 88 180 万 t,天然气 1605 亿 m³; 2015 年新增探明地质储量为石油 3480 万 t,天然气 69 亿 m³;2015 年年产量为石油 1430 万 t,天然气 45 亿 m³;剩余技术可采储量为石油 8330 万 t,天然气 834 亿 m³。

截至 2015 年底,珠江口盆地连续 20 年油气产量超千万吨。

(一)石油

2007—2015 年间,珠江口盆地石油地质储量、产量情况见图 5-10。

2011 年石油年产量最低,为 980 万 t;2015 年石油年产量达到最高,为 1430 万 t,同比增长 32.01%,增速最快。

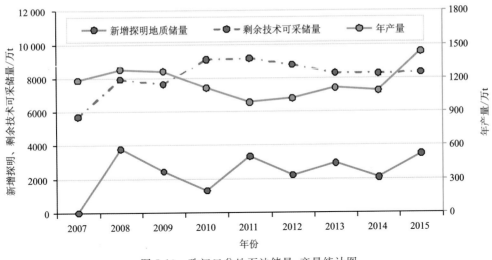

图 5-10　珠江口盆地石油储量、产量统计图

2008 年,珠江口盆地石油新增探明地质储量最高,达到 3780 万 t,包括中海油湛江分公司石油新增探明 1290 万 t 和中海油深圳分公司石油新增探明 2490 万 t。

(二)天然气

2007—2015 年间,珠江口盆地天然气地质储量、产量情况见图 5-11。2014 年和 2015 年天然气年产量同比增长均超过 50%;2008 年天然气年产量最低,为 7 亿 m³;2015 年天然气年产量最高,达到 45 亿 m³,同比增长 65.38%,增速最快。

2009 年,珠江口盆地天然气新增探明地质储量最高,达到 520 亿 m³,主要因为新增探明 2 个气田储量——番禺 35-1 气田和荔湾 3-1 气田。

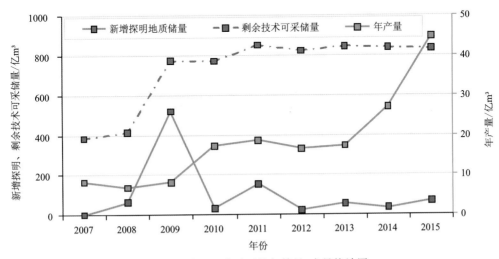

图 5-11　珠江口盆地天然气储量、产量统计图

二、琼东南盆地

截至 2015 年底,琼东南盆地勘查开采的油气田均为气田——崖城 13-1、崖城 13-4、陵水 13-2、陵水 25-1、陵水 18-1、陵水 17-2 气田,因此主要以天然气为主,凝析油为辅,无原油和溶解气。累计探明地质储量为石油 1480 万 t,天然气 2514 亿 m³;2015 年新增探明地质储量为石油 510 万 t,天然气 727 亿 m³;2015 年以生产天然气为主,为 11 亿 m³,另有少量凝析油;剩余技术可采储量为石油 390 万 t,天然气 1000 亿 m³。

(一)石油

2007—2015 年间,琼东南盆地石油地质储量、产量情况见图 5-12。2007—2011 年石油均由崖城 13-1 气田产出,其中 2008 年年产量达到最高,接近 8 万 t,同比增长 20%,增速最快。2012 年崖城 13-4 气田投产后,石油开始由崖城 13-1 气田与崖城 13-4 气田共同产出,但由于主要贡献者崖城 13-1 气田自 2010 年开始减产,琼东南盆地石油年产量也随之下降,并呈逐年降低的趋势,2015 年降至最低,仅为 3 万余吨。

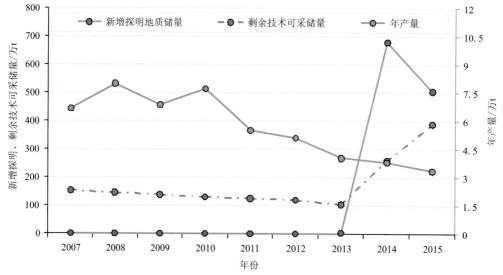

说明:① 2014 年石油新增探明地质储量为 680 万 t,全部来自陵水 17-2 气田的凝析油储量;②2015 年石油新增探明地质储量为 510 万 t,主要来自陵水 13-2 气田、陵水 25-1 气田和陵水 18-1 气田。

图 5-12　琼东南盆地石油储量、产量统计图

(二)天然气

2007—2015 年间,琼东南盆地天然气地质储量、产量情况见图 5-13。2007—2011 年天然气均由崖城 13-1 气田产出,其中 2010 年年产量达到最高,为 30 亿 m³。2012 年崖城 13-4 气田投产后,天然气开始由崖城 13-1 气田与崖城 13-4 气田共同产出,但由于主要贡献者崖城

13-1气田自2010年开始减产,琼东南盆地天然气年产量也随之下降,并呈逐年降低的趋势,2015年降至最低(11亿m³)。

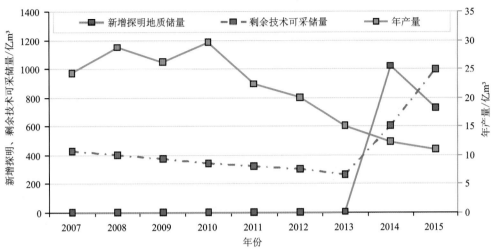

说明:①2014年天然气新增探明地质储量为1020亿m³,为新增探明陵水17-2气田天然气储量;②2015年天然气新增探明地质储量为727亿m³,来自陵水13-2气田、陵水25-1气田和陵水18-1气田。

图5-13　琼东南盆地天然气储量、产量统计图

三、莺歌海盆地

截至2015年底,莺歌海盆地勘查开采的油气田均为气田——东方1-1、乐东15-1、乐东22-1、东方29-1、东方13-2、东方1-4气田,因此主要以天然气为主,凝析油为辅,无原油和溶解气。累计探明地质储量为石油170万t,天然气2110亿m³;2015年石油与天然气均无新增探明地质储量;2015年采出天然气30亿m³,以及少量凝析油;剩余技术可采储量为石油90万t,天然气980亿m³。

(一)石油

2007—2015年间,莺歌海盆地石油地质储量、产量情况见图5-14。2007—2009年间均无石油产出,2010年开始东方1-1气田有凝析油产出,年产量较低,均在1万t上下波动。

(二)天然气

2007—2015年间,莺歌海盆地天然气地质储量、产量情况见图5-15。2007—2011年天然气年产量逐年上升,至2011年天然气达到最高产量,即为37亿m³,同比增长32.38%,增速最快;随后东方1-1气田逐年减产,导致2011—2015年该盆地天然气年产量逐年缓慢下降。

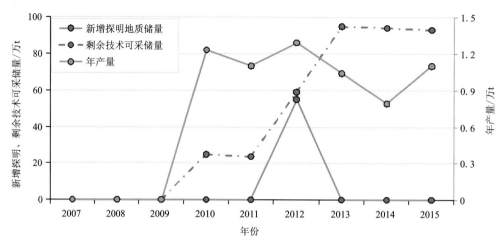

说明：①2012年石油新增探明地质储量为55万t，全部来自东方13-2气田；②东方1-1气田于2010年开始有凝析油产出，直至2015年底，整个莺歌海盆地的石油产量均为东方1-1气田凝析油产量。

图5-14 莺歌海盆地石油储量、产量统计图

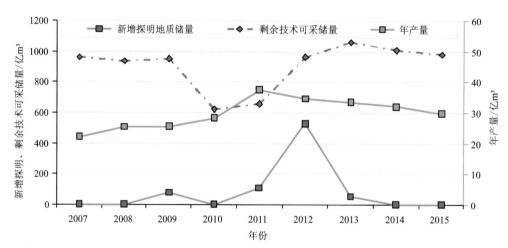

说明：①2009年、2011年天然气新增探明地质储量分别为78亿 m³、109亿 m³，其原因均为东方1-1气田天然气储量增加；②2012年天然气新增探明地质储量为531亿 m³，为新增探明的东方13-2气田天然气储量；③2013年天然气新增探明地质储量为52亿 m³，其为新增探明的东方1-4气田天然气储量。

图5-15 莺歌海盆地天然气储量、产量统计图

四、北部湾盆地

截至2015年底，北部湾盆地累计探明地质储量为石油33 395.60万t，天然气395.87亿 m³；2015年新增探明地质储量为石油2 822.34万t，天然气17.84亿 m³；2015年年产量为石油271.88万t，天然气3.19亿 m³；剩余技术可采储量为石油4 564.81万t，天然气65.11亿 m³。

(一)石油

2007—2015 年间,北部湾盆地石油地质储量、产量情况见图 5-16。2007 年石油年产量最低,约为 80 万 t;2008 年由于涠洲 11-4、涠洲 11-4N 油田的石油产出,石油年产量近 130 万 t,同比增长 57.92%,增速最快;2010 年由于涠洲 11-1、涠洲 11-1N 油田的石油产出,石油年产量同比增长 57.37%;随着油田投入生产,且原有油田产量不断提高,2014 年达到最高,约 270 万 t;2015 年与 2014 年基本持平。

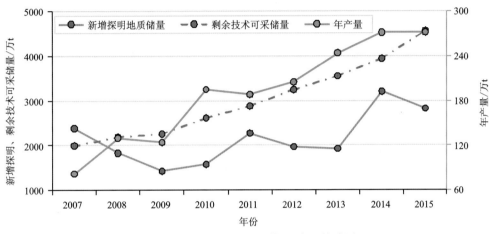

图 5-16 北部湾盆地石油储量、产量统计图

因涠洲 6-9、涠洲 6-10、涠洲 6-12、涠洲 12-1、乌石 17-2 等油田的石油探明地质储量增加,以及新增探明涠洲 6-13 油田、白莲油气田(福山油田公司),2014 年北部湾盆地石油新增探明地质储量最高,达到 3200 万 t。

(二)天然气

2007—2015 年间,北部湾盆地天然气地质储量、产量情况见图 5-17。2007 年天然气年产量最高,近 4 亿 m³;2009 年天然气年产量最低,约 2 亿 m³;2015 年天然气年产量约为 3 亿 m³,同比增长 45.66%,增速最快。

2014 年涠洲 6-9、涠洲 6-10、涠洲 6-12、涠洲 12-1、乌石 17-2 等油田的溶解气探明地质储量增加,同时新增探明涠洲 6-13 油田以及白莲油气田(福山油田公司),天然气新增探明地质储量最高,达到 58 亿 m³。

五、福山油田勘探开发情况

(一)石油

2007—2015 年间,福山油田公司石油年产量呈上升趋势。2013 年石油产量为 26 万 t,同比增长 39.56%,增速最快;2005 年达到最高年产量,为 30 万 t,见图 5-18。

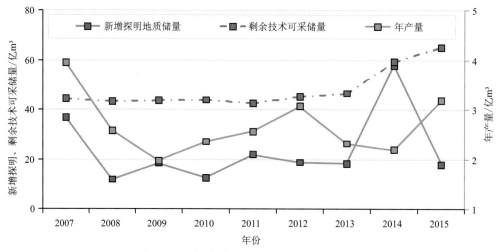

图 5-17　北部湾盆地天然气储量、产量统计图

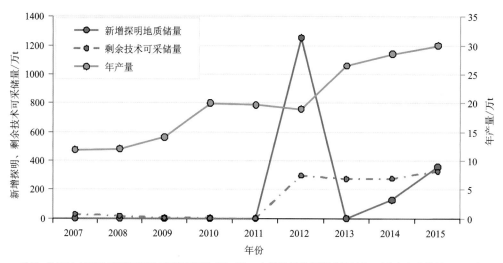

说明：①2012 年石油新增探明地质储量突增 1250 万 t，全部为新增探明花场油气田原油地质储量；2014 年
石油新增探明地质储量约为 130 万 t，为新增探明白莲油气田的原油储量；2015 年石油新增探明地质储量
为 360 万 t，除了美台油田、白莲油气田在原有基础上新增外，还新增探明永安油田原油储量；②2012 年剩
余技术可采储量明显增多，是因为新增了花场油气田的技术可采储量。

图 5-18　福山油田公司石油储量、产量统计图

（二）天然气

2007—2015 年间，福山油田公司天然气年产量呈现整体下滑趋势。2008 年天然气产量
超 2 亿 m³，年产量最高，同比增长 14.29％，增速最快；除 2008 年与 2011 年外，其余年份天然
气年产量均低于上一年，见图 5-19。

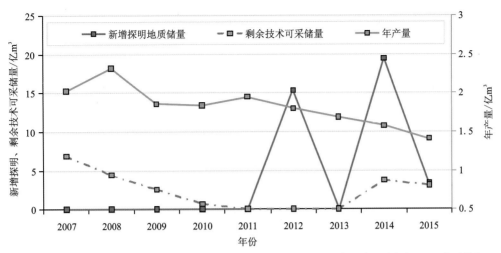

说明：①2012年天然气新增探明地质储量突增到15亿 m³，全部为新增花场油气田溶解气；2014年天然气新增探明地质储量突增到19亿 m³，为新增白莲油气田天然气；②2014年剩余技术可采储量明显增多，是因为新增了白莲油气田天然气的技术可采储量。

图 5-19　福山油田公司天然气储量、产量统计图

第五节　南海中南部勘查开采

一、我国在南海中南部的油气勘探工作

1992年中海油曾与美国克里斯通公司签订了《"万安北-21"石油开发合同》，计划在总面积25 155km²海域内进行油气开发合作，但后因某些原因而搁浅。这是我国迄今在南沙海域唯一的一个石油合同，虽然暂时无法执行，但依然有效。

2005年我国与越南、菲律宾三方石油公司签订了《在南中国海协议区三方联合海洋地震工作协议》，确定从2005年至2008年，在面积为14.3 万 km²的海域内联合进行海上地质研究和考察。这一协议在2008年到期后，因菲律宾方面的原因而终止。

在各国非法开发态势未能完全遏制的情况下，为了能够在南沙海域占据一定的份额，近年来，中国加强了对南海尤其是南沙海域油气资源勘探开采的力度。中海油保持着每年在南海公布新石油招标区块的进度，2011年公布了19个在南海的招标区块，到了2012年增加35个，其中2012年7月，中海油新公布了在南海中建南盆地、南薇西盆地、万安盆地的9个对外招标区块。9个招标区块面积共计约16万 km²，全部位于南海西南部，靠近越南九段线以内海

域。对比1994年因油气争端发生的"万安北-21事件",这次公布的区域更大,商业行为和划分技术也更加成熟。尽管依然受到越南方无理的"抗议",但这次招标的公布还是显示我国的南海主权与合理开发的一贯态度。

此外,近年来,我国不断增强自身在海洋油气——特别是深远海油气勘探开发的研发创新能力,先后建成了"海洋石油981""蓝鲸1号""蓝鲸2号"等大型先进钻井平台。2014年,"海洋石油981"钻井平台在我国政府及海洋公务船的保护下,顶住多重阻力,相继在西沙、南沙部分海域进行石油钻探作业,为我国南海中南部油气勘探工作走出了坚实的一步。这是具有战略性意义的重大举措,既标志着我国具备实施深远海油气钻探作业的技术实力和保障能力,又体现了我国维护海洋权益和勘探开发南海油气资源的坚定意志。

二、周边国家油气勘探开发

越南、马来西亚、文莱、菲律宾、印度尼西亚等周边国家在南海中南部油气勘探工作非常活跃,已发现了数百个油气田,开采了大量油气资源。这些国家在南海中南部的油气勘探开发大致经历了三个阶段:第一阶段为19世纪中叶—20世纪50年代早期,主要在陆地或沿岸地带开展油气勘探,发现的油田主要包括马来西亚的Miri(1910年)、文莱的Seria(1929年)和Jerudong(1940年)等;第二阶段为20世纪50年代中期—60年代早期,引进了海洋地震调查技术,一般使用模拟地震方法,同时开始了海上油气钻探,并发现了几个油田,如文莱的SW Ampa(1963)、马来西亚的Temana(1962);第三阶段是20世纪60年代中期,特别是70年代以来,在海上合同区块内,采用数字地震勘探方法,获得了更为精确的地质资料,钻探成功率大大提高,相继发现了大批有商业价值的油气田,油气储量、产量迅速增长。

(一)勘探开发工作量

据埃信华迈(IHS Markit,一家领先的全球供应商,为油气等重要行业的客户提供关键数据信息、决策支持软件以及相关服务)不完全统计,截至2012年底,周边国家在南海中南部累计采集二维地震18.65万km、三维地震10.46万km²,见图5-20。

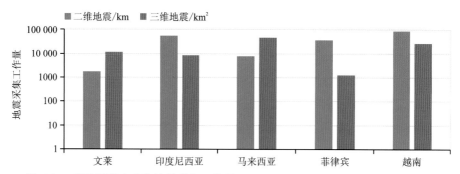

图5-20　周边国家在南海地震采集工作量(截至2012年底,据IHS Markit不完全统计)

截至2013年底,周边国家在南海累计钻井3493口,包括探井1562口、开发井1931口;

在我国主张管辖海域内,周边国家累计钻井 990 口,包括探井 611 口、开发井 379 口,其中马来西亚、越南钻井工作量分别占 79.70％、11.82％(图 5-21)。

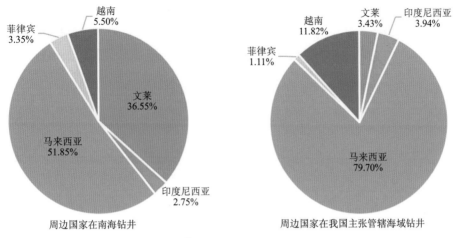

周边国家在南海钻井

周边国家在我国主张管辖海域钻井

图 5-21 周边国家钻井工作量(截至 2013 年底,据 IHS Markit 不完全统计)

(二)油气田及其储量分布

截至 2013 年底,周边国家在南海共发现油气田 347 个,累计地质探明储量分别为石油 44.71 亿 t、天然气 70 195.73 亿 m³,累计可采储量分别为石油 15.60 亿 t、天然气 53 137.75 亿 m³;在我国主张管辖海域内,周边国家已发现油气田 158 个,占其在南海的 46％;累计地质探明储量分别为石油 17.51 亿 t、天然气 52 582.02 亿 m³,分别占其在南海的 39％、75％;累计可采储量分别为石油 6.71 亿 t、天然气 40 038.50 亿 m³。石油探明储量中,马来西亚占 83.96％、越南占 10.74％;天然气探明储量中,马来西亚占 57.08％、印度尼西亚占 33.96％、越南占 5.24％,见图 5-22。

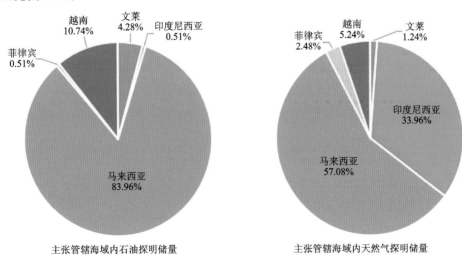

主张管辖海域内石油探明储量

主张管辖海域内天然气探明储量

图 5-22 我国主张管辖海域内周边国家已探明油气储量分布(截至 2013 年底,据 IHS Markit 不完全统计)

(三)油气产量

截至 2012 年底,周边国家在南海累计生产石油 78 887 万 t、天然气 11 553.5 亿 m³。在我国主张管辖海域内,周边国家累计生产石油 23 603 万 t、天然气 6 938.4 亿 m³,分别占南海的 29.92%、60.05%。其中,菲律宾、文莱、印度尼西亚油气产量均无油气产出;马来西亚生产石油 22 822.38 万 t、天然气 6 558.8 亿 m³,分别占比 96.69%、94.53%;越南生产石油 780.60 万 t、天然气 379.59 亿 m³,分别占比 3.31%、5.47%,见图 5-23。

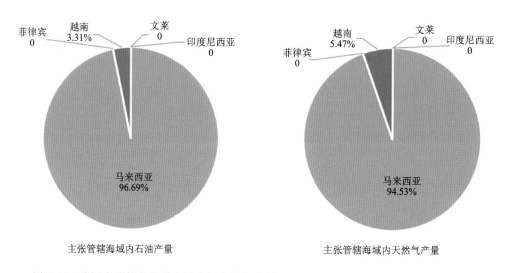

图 5-23 我国主张管辖海域内周边国家油气产量(截至 2012 年底,据 IHS Markit 不完全统计)

第六章

提升力度 万亿气区指日成

油气资源是重要的能源和战略资源,是国民经济可持续发展的重要基础,其供需形势直接影响国家经济安全。

"十三五"以来,南海油气基础地质调查取得重要进展,油气资源调查评价取得新认识;南海神狐海域天然气水合物2轮试采成功,实现了从"探索性试采"向"试验性试采"的跨越;油气勘探获得多个重大突破,储量基础得到进一步夯实;开发项目稳步推进,2022年中海油在南海年产量突破2800万t油当量(表6-1),稳产形势持续向好。

表 6-1 中海油南海油气年度产量统计表

位置	2015 年		2016 年		2017 年		2018 年		2019 年		2020 年		2021 年		2022 年	
	10^6 bbl	10^4 t	10^6 bbl	10^4 t	10^6 bbl	10^4 t	10^6 bbl	10^4 t	10^6 bbl	10^4 t	10^6 bbl	10^4 t	10^6 bbl	10^4 t	10^6 bbl	10^4 t
西部	52.4	726.8	53.0	735.1	52.1	722.6	56.3	780.9	60.0	832.2	68.6	951.5	71.4	990.3	76.9	1 066.8
东部	83.8	1 162.3	78.3	1 086.0	77.7	1 077.7	79.2	1 098.5	88.3	1 224.7	100.2	1 389.7	111.6	1 547.9	129.8	1 800.5
合计	136.2	1 889.0	131.3	1 821.1	129.8	1 800.3	135.5	1 879.3	148.3	2 056.9	168.8	2 341.2	183.0	2 538.1	206.7	2 867.4

注:①数据来源《中国海洋石油有限公司年度业绩发布》(2016—2021年)和《中国海洋石油有限公司2022年度报告》统计整理。

②根据2018—2021年度产量与日产量的关系,确定2022年度产量=日产量×365。

③1bbl=159L。

第一节 基础地质调查

"十三五"期间,中国地质调查局持续开展了重点海域新区、新层系的油气资源调查评价工作,其中在南海北部海域的重点研究区域主要集中在东沙海域和西沙海槽盆地,油气资源调查评价取得新进展,为下一步商业性勘探指明了方向,充分发挥了基础性、公益性油气地质调查的引领作用。

中国地质调查局广州海洋地质调查局在东沙海域发现潮汕坳陷中生界残留厚度达3~5km,形态上南厚北薄,烃源岩和圈闭构造发育,是油气有利远景区,并进一步圈出有利区带,落实重点构造,构造闭合幅度介于500~1500m,圈闭面积均大于100km²,构造形态比较完整,部分处于凹中隆位置,周缘凹陷中生界发育完整。

通过对潮汕坳陷中生界油气资源潜力进行综合评价,选取了重点构造为油气勘探有利目标,落实了钻探目标,相应提出了目标建议井位(包括调查参数井),为实现南海北部中生界油气突破奠定基础。

在综合评价工作中,系统形成了南海北部中生界油气成藏新认识,建立"三段式"油气形成演化理论(Zhong et al.,2022),构建了海相烃源岩评价模式,形成了特提斯域与环太平洋域两期盆地演化理论,提出了南海中生代盆地找油新思路。

通过西沙海槽盆地的烃源岩、油气运移、圈闭构造、储层和盖层、油气化探等综合分析,优选出具有圈闭面积大(大于 100km²)、单层圈闭闭合幅度高(200~700m)、离富生烃凹陷距离近(小于 10km)、储层发育好(以深水扇和浊积扇为主)、圈排关系好(圈闭形成于排烃前)且具有一定油气显示(属性异常明显,亮点异常突出)或地化异常的重点构造。

此外,开展了针对深水新区的中深层成像处理技术攻关,改善了地震资料品质,通过地震资料综合解释,圈定了南海重点盆地油气远景区,评价了油气地质条件,筛选出局部构造,扩大了油气勘探面积,拓展了油气勘探区域,维护了国家海洋权益。

第二节 天然气水合物试采

"十三五"以来,为加速我国推进天然气水合物产业化,保障国家能源安全、促进能源结构优化,支撑海洋强国战略、促进海洋经济发展,实现勘查开发领跑、支撑创新驱动发展战略,由国土资源部主导,在南海北部神狐海域 2 轮成功开展了天然气水合物试采工作,并分别在北部海域珠江口盆地神狐海域和南海重点海域推动建设 2 个天然气水合物勘查开采先导试验区。

2017 年 5 月 18 日,神狐海域取得第一轮天然气水合物试采的成功(图 6-1),实现试开采连续试气点火达到 60d,累计产气量超过 30 万 m³,平均日产 5000m³ 以上,最高产量达 3.5 万 m³/d,甲烷含量高达 99.5%,获取科学实验数据 647 万组,标志着我国天然气水合物资源由勘查迈向开发的历史性突破(叶建良等,2020)。

在我国海域进行天然气水合物试采是一次史无前例的尝试,成功来之不易。此前,只有美国、日本、加拿大开展过海域天然气水合物的钻探(表 6-2),且试采因出砂问题被迫终止,未能达到试验目的,其相关技术工艺也不为外界所知。

2019 年 10 月,神狐海域天然气水合物第二轮试采工作正式启动。2020 年 2 月 17 日试采点火成功,持续至 3 月 18 日完成预定目标任务,此次试采是继 2017 年 5 月首次试采成功后,综合运用最新科研成果、装备和采挖技术,向产业化开采过渡的一次"试验性试采"。

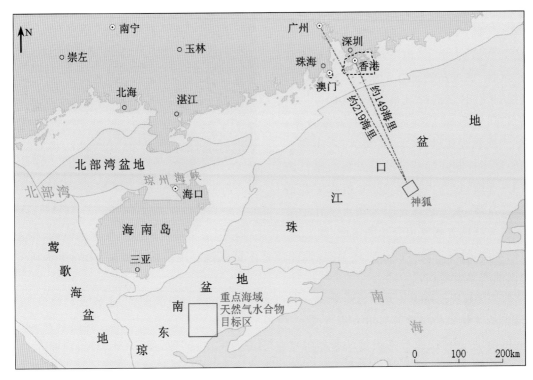

注：1海里≈1.852km。

图 6-1 南海北部天然气水合物试采区

表 6-2 美国、日本与南海天然气水合物试采对比

年度	位置	储层	方法	生产时间/d	累计产量/m³	效果
2002 年	加拿大麦肯齐三角洲	砂砾	注热	5	463	效率低，因出砂被迫终止
2007 年			降压	0.5	830	
2008 年			降压	6	13 000	
2012 年	美国阿拉斯加北坡	砂砾	置换＋降压	30	24 000	效率低
2013 年	日本南海海槽	中粗砂	降压	6	119 000	因出砂被迫终止
2017 年 5 月	日本南海海槽	中粗砂	降压	12	35 000	因出砂被迫终止
2017 年 6 月	日本南海海槽	中粗砂	降压	24	200 000	未能稳定生产
2017 年	中国南海神狐海域	泥质粉砂	地层流体	60	30 904	持续产气时间最长、产气总量最大、气流稳定

本轮试采 1 个月产气总量 86.14 万 m^3、日均产气 2.87 万 m^3，是第一轮 60d 产气总量的 2.8 倍，创造了"最高产气总量，最大日均产气量"两项新的世界纪录，实现了从"探索性试采"向"试验性试采"的重大跨越。试采自主研发形成了六大类 32 项关键技术，其中 6 项领先优势明显；研发了 12 项核心装备，其中控制井口稳定的装置吸力锚打破了国外垄断，攻克了深海浅软地层水平井钻采核心技术，成为全球首个采用水平井钻采

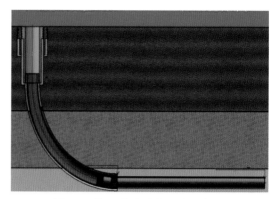

图 6-2　第二轮试采水平井示意图

技术试采海域天然气水合物的国家(图 6-2)；自主创新形成了环境风险防控技术体系，构建了大气、水体、海底、井下"四位一体"环境监测体系。试采过程中甲烷无泄漏，未发生地质灾害(中国地质调查局，2021)。

2017 年，我国海域天然气水合物第一轮试采成功后，国土资源部、广东省人民政府、中国石油天然气集团公司签署战略合作协议，合作推进南海神狐海域天然气水合物勘查开采先导试验区建设；国务院批准将天然气水合物列为我国第 173 个矿种。2018 年，自然资源部、海南省人民政府、中国海洋石油集团有限公司签署战略合作协议，合作推进第二个天然气水合物勘查开采先导试验区建设(中国地质调查局，2020)。

第三节　南海油气资源勘探开发现状

我国在南海开展油气勘探开发作业的公司主要是中海油，无论是从矿权面积和数量，还是从探明储量和开采量来说，都是南海油气勘探开发的主力军，2022 年开采石油天然气超过 2800 万 t 油当量，海南已成为我国名副其实的大型海上油气生产基地，是我国重要的能源接续基地。此外，中石油海南福山油田公司在海南岛上经过多年耕耘，建成了年产 40 万 t 油气当量的生产能力；中石化北部湾盆地也取得了勘探突破，于 2015 年 11 月 14 日—12 月 12 日施钻的"涠四井"钻遇含油层近百米。

截至 2020 年底，南海周边国家在南海中南部我国主张管辖海域内已累计探明油气地质储量石油约 18.69 亿 t，天然气约 5.95 万亿 m^3。我国在南海中南部的油气勘探开发工作除了 2014 年在中建南实施了两口探井外，仍然停留在调查评价阶段。

一、油气矿业权设置及变动

目前,我国在南海进行油气勘查、开采的单位有中海油的深圳分公司、湛江分公司和海南分公司,中石油的海南福山油田公司,中石化的江苏油田分公司和上海油气分公司。

截至 2020 年底,共设置了 200 多个探矿权,面积超 120 万 km²,已基本做到含油气盆地全覆盖,采矿权 59 个,面积约 5000km²。

从不同石油企业来看,截至 2020 年底,在南海区域,中石油探矿权 26 个,面积 17.1 万 km²,面积占比 14%;采矿权 3 个,面积 350km²,面积占比 7%。中石化探矿权 4 个,面积 1.1 万 km²,面积占比 1%;无采矿权。中海油探矿权 175 个,面积 105 万 km²,面积占比 85%;采矿权 56 个,面积 4730km²,面积占比 93%,如图 6-3 所示。

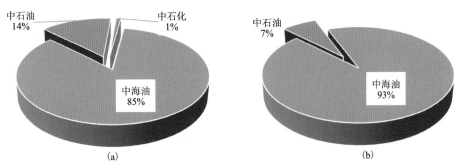

图 6-3　各石油公司探矿权登记(a)和采矿权登记(b)面积比例图

2016 年以来,南海中南部勘查开采区块矿业权均未发生变动,北部有注销也有新立,但总体变化不大(图 6-4、图 6-5)。探矿权除了 2018 年有新设立的外,此后均为注销退出,2019 年、2020 年共退出区块 7 个,总面积超 3 万 km²;采矿权没有注销退出情况,2016 年、2019 年、2020 年共新设立 5 个采矿权,面积约 340km²。

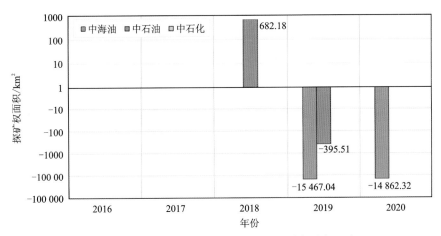

图 6-4　"十三五"期间矿业权人新立/注销探矿权面积

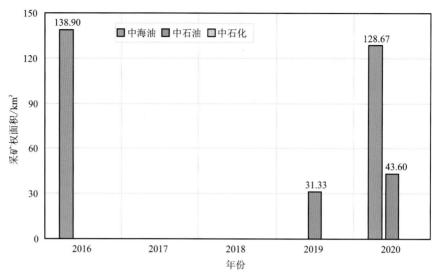

图 6-5 "十三五"期间矿业权人新立/注销采矿权面积

虽然我国在南海设置的矿业权数量和面积保持稳定,但是伴随着我国油气体制改革的进展和油气公司对海南自由贸易港建设的支持力度不断加大,在油气矿业权上也出现了较为明显的变化:一是中海油于 2018 年 3 月新设立海南分公司,北部海域琼东南盆地的陵水深海一号大气田及后续增量油气田,以及中南部海域油气探矿权全部交由海南分公司负责勘探开发;二是中石油海南福山油田公司通过集团公司内部流转方式,取得了中石油辽河油田分公司在南海的 24 个油气探矿权(面积约 17 万 km²)的勘探权;三是自然资源部于 2019 年 12 月 31 日出台了《自然资源部关于推进矿产资源管理改革若干事项的意见(试行)》(自然资规〔2019〕7 号),要求"探矿权申请延续登记时应扣减首设勘查许可证载明面积(非油气已提交资源量的范围/油气已提交探明地质储量的范围除外,已设采矿权矿区范围垂直投影的上部或深部勘查除外)的 25%,其中油气探矿权可扣减同一盆地的该探矿权人其他区块同等面积",因此,随着时间的推移,南海含油气盆地油气矿业权的空白区面积将越来越大并且油气资源潜力也会越来越好,将为南海油气资源勘查开采管理改革试点工作提供更加充足的可出让区块储备。这些都将大大增强海南省在南海油气勘探开发中的参与度和话语权,以及相应的收益权。

(一)南海北部大陆架东部

本区位于南海北部大陆架东经 113°10′ 以东的海域,包括珠江口盆地东部和台西、台西南、笔架、笔架南、双峰南、西沙海槽等盆地,在该区进行油气勘查、开采的单位有中石油海南福山油田公司和中海油深圳分公司。

截至 2020 年底,该区共设置探矿权 55 个,面积 30.2 万 km²,其中,中石油探矿权 4 个,面积约 3 万 km²,中海油探矿权 51 个,面积 27.2 万 km²;设置采矿权 31 个,面积 2650km² 全部由中海油进行油气开采作业。

(二)南海北部大陆架西部

本区位于南海北部大陆架东经 113°10′以西的西部海域和海南省,包括北部湾、莺歌海、琼东南、西沙海槽等盆地和珠江口盆地西侧。

截至 2020 年底,该区共设置探矿权 35 个,面积接近 16.8 万 km²,其中,对外合作探矿权 2 个,面积 0.37 万 km²;设置采矿权 28 个,面积 0.24 万 km²。

在该区进行油气勘查、开采的单位有中海油湛江分公司、中石油南方石油勘探开发公司、中石化江苏油田分公司和中石化上海油气分公司。其中,中海油探矿权 29 个,面积约 15.4 万 km²,采矿权 25 个,面积约 2080km²;中石油探矿权 2 个,面积不到 0.2 万 km²,采矿权 3 个,面积约 350km²;中石化探矿权 4 个,面积 1.1 万 km²。

(三)南海中南部

本区位于南海中南部海域,包括中建南盆地、万安盆地、南薇西盆地、南薇东盆地、永暑盆地、九章盆地、礼乐盆地、北巴拉望盆地、安渡北盆地、曾母盆地、北康盆地、文莱-沙巴盆地和南沙海槽等。

截至 2020 年底,该区共设置探矿权 115 个,面积约 76 万 km²,其中,对外合作探矿权 4 个,面积约 2.5 万 km²。

在该区进行油气勘查的单位有中石油海南福山油田公司和中海油深圳分公司、中海油湛江分公司。其中,中石油探矿权 20 个,面积约 14 万 km²;中海油探矿权 95 个,面积约 62 万 km²。

二、勘探开发成果

(一)南海北部

"十三五"以来,为保障国家能源安全,抑制国家油气对外依存度的快速增长,在南海从事油气勘探开发的中海油贯彻国家能源发展战略行动计划,大力提升油气资源勘探开发力度,制订了"七年行动计划",深挖油气资源潜力,坚持寻找大中型油气田的"价值勘探"理念,加强富生烃凹陷的深层勘探,积极探索勘探程度较低的深水、高温高压领域,在南海北部海域取得了丰硕的成绩,获得地质勘探新发现 39 个(表 6-3),包括 1 个亿吨级油田(HZ26-6)、2 个千亿立方米级天然气富集区(永乐区和乐东 10 区),以及 3 个超 5000 万吨级油田群:阳江东油田群(EP20-5、EP20-4 等)、涠洲油田群和陆丰油田群(LF14-8、LF8-1S、LF12-3 等)。得益于一系列重大勘探突破,中海油在南海北部的油气累计探明地质储量由"十二五"末的 17.33 亿 t油当量,增加至"十三五"末 21.28 亿 t 油当量,探明地质储量增加了近 4 亿 t 油当量,储量替代率达 1.27,储量接替能力良好。

海南岛陆域上的福山油田坚持勘探评价一体化,落实了整装千万吨级朝阳油田,探索朝阳永安流二段岩性油藏,高效勘探涠洲组,落实有利构造圈闭,新增资源量;构建火山岩成藏新模式,初步落实火山岩油藏效益增储区;风险勘探北部深层,马村构造深层流三段展现规模增储潜力。截至"十三五"末,福山油田累计三级储量石油近 1 亿 t,天然气约 200 亿 m³。

表 6-3　"十三五"期间中海油在我国南海勘探发现情况一览表（据中海油历年年度业绩发布）

区域		2016 年	2017 年	2018 年	2019 年	2020 年
北部湾盆地		WZ16-3N	WZ11-2E WZ11-12 WS23-5/23-5S WZ22-8	WZ10-3E WZ23-5N	WZ11-1M WZ11-2S	WZ11-6 WZ12-1
莺歌海盆地				LD10-1		
琼东南盆地					YL8-3	LS25-1W
珠江口盆地	西部		WC9-3S WC19-9			WC9-7
	东部	HZ21-1S PY4-1 HZ19-10 XJ30-1 EP15-1	LF14-8 LF8-1S	EP10-2 EP15-2 EP20-4 LF12-3	EP20-5 EP10-1 EP19-1 XJ24-6 XJ24-7 LF7-10 LF9-4	EP21-4 HZ19-14 HZ25-2 HZ26-6
合计/个		6	8	7	10	8

　　"十三五"是南海北部海域油气资源勘探开发蓬勃发展的五年,探明地质储量取得显著增长,年产量稳居 2400 万 t 油当量之上。据统计,截至"十三五"末,南海北部海域累计探明地质储量油气 21.78 亿 t 油当量,其中石油为 15.89 亿 t,较"十二五"末增加了 3.57 亿 t,增幅达 28.96%;天然气 7392 亿 m^3,较"十二五"末增加了 771 亿 m^3,增幅为 11.64%(表 6-4),万亿立方米大气区已见雏形。

表 6-4　"十三五"期间南海北部含油气盆地油气资源累计探明地质储量变化情况一览表

盆地	"十二五"末			"十三五"末			增减情况			增减比例/%		
	石油	天然气	合计	石油	天然气	合计	石油	天然气	合计	石油	天然气	合计
珠江口	88 180	1602	100 940	115 060	2037	131 290	26 880	435	30 350	30.48	27.15	30.07
琼东南	1480	2514	21 510	1520	2585	22 120	40	71	610	2.70	2.82	2.84
莺歌海	170	2110	16 980	170	2243	18 040	0	133	1060	0.00	6.30	6.24
北部湾	33 400	395	36 550	42 150	527	46 350	8750	132	9800	26.20	33.42	26.81
合计	123 220	6621	175 980	158 900	7392	217 800	35 680	771	41 820	28.96	11.64	23.76

　　注:计量单位为石油/万 t,天然气/亿 m^3;合计/万 t 油当量。

　　从表 6-3、表 6-4 中可以看出,"十三五"期间的油气勘探发现主要集中在珠江口盆地和北部湾盆地,增加的油气探明地质储量也主要在这两个盆地:珠江口盆地油气累计探明地质储

量增加了3.03亿t油当量(增加30.06%),石油增加了2.69亿t(增加30.48%)、天然气增加了435亿 m³(增加27.15%);北部湾盆地油气累计探明地质储量增加了9801万t油当量(增加26.82%),石油增加了8749万t(增加26.20%)、天然气增加了132亿 m³(增加33.42%)。莺歌海盆地与琼东南盆地在"十三五"期间地质新发现较少,而且新发现尚未完全转化为储量,其对储量的贡献需要一段时间后才能体现。

"十三五"期间,南海北部区油气历年开采量均超过2200万t油当量,2020年超过2500万t油当量,总开采量约1.18亿t油当量,石油开采量超8000万t、天然气约为477亿 m³(图6-8)。

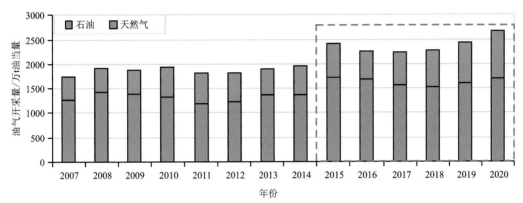

图6-8 南海北部含油气盆地"十三五"期间油气开采量统计图

珠江口盆地开采量最大,约占南海北部区的70%;北部湾盆地次之,占比约17%,莺歌海和琼东南盆地油气开采量相对较少,合计约13%;截至"十三五"末,南海北部剩余技术可采储量约为4.02亿t油当量:原油约1.81亿t,天然气约2780亿 m³。珠江口盆地剩余可采储量居四大盆地之首(47%),将近一半,余下依次为琼东南盆地(21%)、莺歌海盆地(18%)和北部湾盆地(14%)(图6-9)。

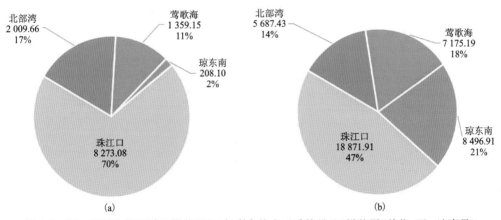

图6-9 "十三五"油气开采量饼状图(a)与剩余技术可采储量(b)饼状图(单位:万t油当量)

珠江口和北部湾盆地以石油为主,并伴有一定量的天然气。

"十三五"期间,珠江口盆地油气历年开采量均超过1500万t油当量,总开采量超过8000万t油当量(图6-10),其中原油超过6100万t,天然气267亿 m³,是南海北部石油天然气勘探开发的主战场。

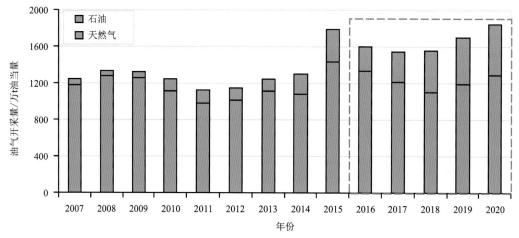

图 6-10　珠江口盆地"十三五"期间油气开采量统计图

北部湾盆地油气总开采量约 2000 万 t 油当量(图 6-11),其中原油接近 1900 万 t,天然气 17 亿 m³,是南海北部原油勘探开发的重要区域,北部湾盆地油气开采量在 2018 年大幅提升,后有缓慢走低的趋势。

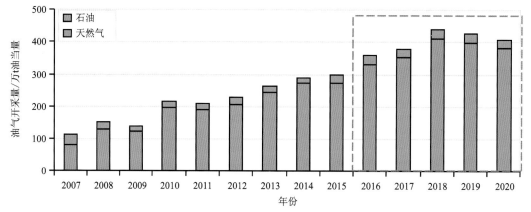

图 6-11　北部湾盆地"十三五"期间油气开采量统计图

莺歌海与琼东南盆地以天然气勘探开发为主,仅伴有极少量的石油(凝析油)。

"十三五"期间,莺歌海盆地开采天然气约 168 亿 m³,原油约 20 万 t,合计约 1360 万 t 油当量(图 6-12)。莺歌海盆地油气产量在"十三五"早期比较平稳,于 2018 年触底至 230 万 t 油当量,伴随着东方 13-2 气田在 2019 年 11 月投产并于当年生产近 6 亿 m³ 天然气和少量凝析油,年产量开始上升,2020 年跃升至近 400 万 t 油当量,其中天然气超 48 亿 m³。

"十三五"期间,琼东南盆地油气产量非常低:天然气 25 亿 m³、原油接近 10 万 t(图 6-13),并自 2010 年以来呈逐年下降的趋势,主要是因为崖城 13-1 气田超期服役,资源早已枯竭,进入生命末期,年产量低。但是,随着年产能 30 亿 m³ 的"深海一号"大气田于 2021 年 6 月投产,以及后期陵水 25-1、陵水 13-2、陵水 18-1 等系列气田陆续建成投产,琼东南盆地将会再度成为南海北部天然气的主产地。

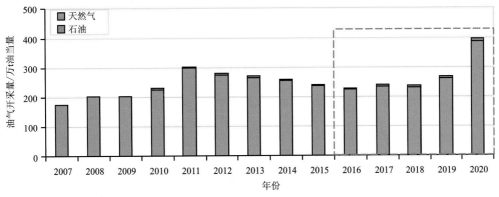

图 6-12　莺歌海盆地"十三五"期间油气开采量统计图

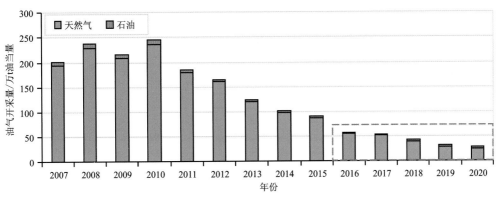

图 6-13　琼东南盆地"十三五"期间油气开采量统计图

(二)南海中南部

截至 2021 年底,马来西亚、越南、菲律宾、文莱、印度尼西亚等南海周边五国共钻油气井 56 945 口,除了印度尼西亚有近 5 万口钻井位于陆上外,其余绝大部分是在海域,为 16 423 口,发现油气田 2304 个,探明地质储量近 405.97 亿 t 油当量(表 6-5),其中南海海域约 154.41 亿 t

表 6-5　南海周边五国油气田设施及油气探明地质储量数据表

国家	钻井/口		油气田/个	地质储量		
	总数	海域		油/亿 t	气/万亿 m³	油气当量/亿 t
越南	1487	1405	157	23.52	1.51	37.14
菲律宾	603	239	48	1.68	0.24	3.81
马来西亚	5216	5060	488	55.58	6.56	114.61
文莱	1785	1367	53	18.54	1.14	28.77
印度尼西亚	47 854	8352	1558	125.12	10.73	221.65
合计	56 945	16 423	2304	224.44	20.17	405.97

注:①数据来源于 IHS Markit 数据库统计;②数据截止时间 2022 年 9 月。

油当量,占比 38.03%(表 6-6),除印度尼西亚外,其余国家在南海探明油气资源地质储量在各国的探明地质储量中占比均较大(图 6-14),其中文莱探明油气地质储量全部在南海,菲律宾、越南在南海探明的油气地质储量约占该国的 90%,马来西亚在南海探明油气地质储量占该国的 63.30%,探明地质储量是五国中最大的,达 72.53 亿 t 油当量。

表 6-6 南海周边国家在南海油气探明地质储量分布表

国家	盆地	探明地质储量		
		油/亿 t	气/万亿 m³	油气当量/亿 t
越南	莺歌海盆地	1.13	0.54	5.95
	万安盆地	4.23	0.34	7.28
	昆仑盆地	16.44	0.28	18.95
	小 计	21.80	1.16	32.18
菲律宾	北巴拉望盆地	1.52	0.13	2.72
	礼乐盆地	0.09	0.07	0.75
	小计	1.61	0.20	3.47
马来西亚	北康盆地	0.05	0.01	0.17
	曾母盆地	9.03	3.20	37.85
	文莱沙巴盆地	23.27	1.25	34.51
	小计	32.35	4.46	72.53
文莱	文莱沙巴盆地	18.54	1.14	28.77
印度尼西亚	曾母盆地	0.3	1.91	17.46
合计		74.6	8.87	154.41

注:①数据来源于 IHS Markit 数据库;②数据截止时间 2022 年 9 月。

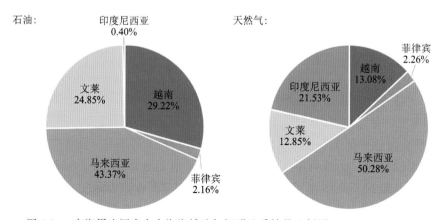

图 6-14 南海周边国家在南海海域油气探明地质储量比例图(截至 2022 年 9 月)

在油气开采方面,截至 2021 年底,上述周边五国已累计开采了 104.97 亿 t 油当量的油气资源,2021 年度开采油气 2.18 亿 t 油当量(表 6-7、图 6-15)。

表 6-7　南海周边五国油气开采情况统计表

国家	2021 年度开采			累计开采
	油/万 t	气/亿 m³	油当量/万 t	油当量/亿 t
越南	994	99	1888	5.81
菲律宾	45	31.76	330	0.91
马来西亚	2548	675.67	8629	23.92
文莱	522	107.72	1491	10.57
印度尼西亚	3281	689.19	9484	63.76
合计	7390	1 603.34	21 822	104.97

注:①2021 年度开采数据来源 BP *Statistical Review of World Energy June* 2022;②累计开采数据及菲律宾全部数据皆据 IHS Markit 数据库统计。

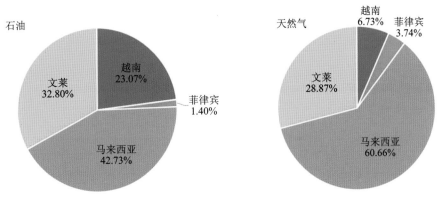

图 6-15　南海周边国家在南海海域油气产量比例图(截至 2021 年底)

截至 2021 年底,南海周边国家在南海海域累计开采油气资源达 34.39 亿 t 油当量(表 6-8),其中,马来西亚以 17.92 亿 t 的产量位居第一,占 52.11%;文莱次之,为 10.57 亿 t,占 30.74%;越南、菲律宾分别累计开采了 5 亿 t 和 0.91 亿 t。

伴随着我国海洋油气技术装备的迅猛发展,海洋油气勘探开发理论也在不断创新发展,创新了中国海域深水、深层、高温高压等复杂地质条件烃源岩生烃机理、深层潜山控储机理、原位天然气规模游离成藏等理论认识。通过理论创新,建立琼东南盆地深水区天然气长距离侧向运聚成藏新模式,形成深水中新统海底扇圈闭有效性及规模成藏理论;通过技术攻关,研发国内领先的宽频处理技术及崎岖海底成像技术,创新了深水高温高压安全高效钻井关键技术,推动了陵水 25-1W、永乐 8 区中生界花岗岩潜山、宝岛 21-1 等大型气田的商业发现。经过荔湾 3-1、陵水 17-2、陵水 25-1W、永乐 8 区、宝岛 21-1 等大型气田的发现,以及荔湾 3-1 和"深海一号"能源站的建成投产,我国已完成深远海油气勘探开发的技术储备,完全具备了在南海中南部开展油气勘探开发作业的技术实力,已经随时可以在南海中南部进行油气钻探作业。

表 6-8　南海周边国家在南海开采油气数据统计表

国家	盆地	累计开采量		
		油/亿 t	气/亿 m³	油气当量/亿 t
越南	莺歌海盆地	0.00	10.31	0.01
	万安盆地	0.27	809.38	1.00
	昆仑盆地	3.52	522.47	3.99
	小计	3.79	1 342.16	5.00
菲律宾	礼乐盆地	—	—	—
	西北巴拉望盆地	0.23	745.98	0.91
	小计	0.23	745.98	0.91
马来西亚	北康盆地	—	—	—
	曾母盆地	1.60	9 416.43	10.08
	文莱沙巴盆地	5.42	2 686.68	7.84
	小计	7.02	12 103.11	17.92
文莱	文莱沙巴盆地	5.39	5 759.89	10.57
印尼	曾母盆地	—	—	—
合计		16.43	19 951.14	34.39

第四节　油气勘探重要发现

　　"十三五"以来，油气地质勘探成果既有"新领域、新区带、新层系"的突破发现，又有成熟油区的焕发新彩。

一、南海东部海域勘探获重大突破

（一）古潜山新领域及浅水区规模天然气两大突破

　　惠州凹陷位于珠江口盆地珠一坳陷中部（图 6-16），是珠江口盆地最富生烃凹陷之一，勘探面积近 1 万 km²，油气地质资源量 31 亿 t 油当量。

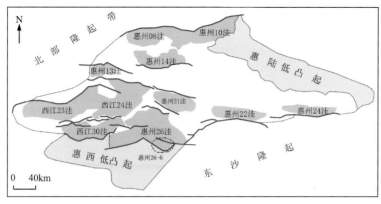

图 6-16 惠州凹陷构造区划图(据施和生等,2022)

2018 年以来,中海油基于"立足富烃,聚焦双古"勘探新理念,提出"古近系+古潜山"复式勘探新模式,于 2019 年 11 月在惠州凹陷南陡坡带惠州 26-6 构造部署钻探风险探井 HZ26-6-1,钻遇油气层 428.2m/9 层,首次在南海东部海域古潜山领域和古近系砂砾岩扇体勘探取得重大突破,其中,恩平组油层 21.9m/2 层,凝析气层 33m/1 层,文昌组油层 48.9m/5 层,古潜山凝析气层段为 324.4m,DST(drill-stem testing 钻杆测试,又称中途测试)测试产能:古潜山上部风化裂缝带日产油 321.1m³,日产气 43.5 万 m³;古近系文昌组日产油 132.5m³,日产气 25.5 万 m³,古潜山、古近系均获得高产工业油气流。惠州 26-6 发现三级地质储量超 1 亿 m³,估算惠州 26 洼"双古"领域总资源量约为 3.7 亿 m³(谢玉洪和高阳东,2020)。HZ26-6-1 井的成功钻探证实了"古近系—古潜山"两个成藏组合:优质高成熟烃源岩提供物质基础,多组断裂提供输导通道,中生界断裂溶蚀改造型中基性火成岩基岩储层及古近系规模扇三角洲砂砾岩储层提供储集空间(图 6-17)。

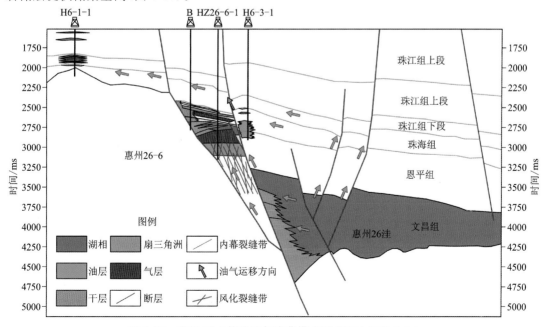

图 6-17 惠州 26-6 构造油气成藏模式图(据田立新等,2020)

2020年集中部署6+1口评价井,获工业油气流井7口,最高单井日产油511.4m³,日产气63.6万m³,探明叠合含油面积19.83km²,探明叠合含气面积8.98km²,新增探明地质储量超5000万m³,其中新增石油探明地质储量2836万t,天然气探明地质储量193亿m³。

惠州凹陷作为珠江口盆地(东部)最富生烃凹陷之一,剩余总地质资源量超24亿t,其中油约为21亿t,气约为3.7亿t油当量。从剩余资源分布看,惠州凹陷剩余资源量的20%主要集中在该凹陷西南部惠州26洼、西江24洼及西江30洼的中深层古近系—古潜山新领域,表明该区古近系—古潜山新领域勘探潜力巨大。惠州26-6大中型油气田为珠江口盆地自营勘探最大油气田,首次实现了南海东部海域古潜山新领域及浅水区规模天然气勘探两大突破,展示出南海东部富烃洼陷周缘古近系—古潜山领域油气勘探广阔前景,揭开了南海东部海域浅水区油型盆地寻找大型天然气田的序幕。

(二)洛克石油在陆丰13西洼获得重大勘探突破

海南矿业旗下洛克石油与中海油合作的南海东部首个勘探项目珠江口盆地03/33合同区勘探井获得重大勘探突破,在古近系喜获重要油气发现。洛克石油是一家注册于澳大利亚并具有超过20年油气作业经验的独立上游油气勘探开发公司,2019年6月,海南矿业股份有限公司收购洛克石油有限公司51%股权并完成交割,洛克石油正式成为海南矿业股份有限公司控股的子公司。2022年9月9日,探井顺利钻至古近系目的层,共钻遇近50m净油层(垂厚),10月5日进行了DST测试作业,获得单层自喷平均日产原油超千桶(约138t)的高产工业油流。这是近年来我国南海东部海域整装油气发现和重要勘探突破之一,对进一步认识陆丰凹陷古近系勘探潜力具有重要意义,为最终实现合同区合作油田的开发与生产打下了坚实的基础。

03/33合同区位于南海珠江口盆地珠一坳陷中的陆丰13西洼区域,其地质条件复杂,勘探程度低且勘探风险大。面对挑战,洛克石油与中海油深圳分公司联合高效组建03/33合同区技术攻关团队,共同开展区域精细地质研究,最终明确了以古近系为主要目的层、兼顾新近系浅层的勘探方向,围绕陆丰13西洼和西次洼开展构造沉积、烃源岩潜力、油气成藏规律、储层预测等展开研究工作,最终完成勘探目标评价及井位部署方案。该合同区取得的重大勘探突破是洛克石油在珠江口盆地的第一个商业规模油气发现且在古近系测试获得较高自然产能,该发现将极大提升团队对南海东部陆丰13西洼、西次洼甚至是惠陆低凸起区域的勘探信心,该合同区有望形成新的勘探热点区域。

二、琼东南盆地深水区天然气勘探接续获得突破

"十三五"以来,深水区油气勘探面临转型难题,急需突破新的勘探领域。中海油以琼东南盆地东部松南-宝岛凹陷深水区为重要勘探方向,并获得勘探突破,实现了琼东南盆地深水区勘探由西向东、由碎屑岩向潜山的成功转型。

琼东南盆地松南-宝岛凹陷天然气资源量达9170亿m³,石油资源量达1.87亿t,仅次于

乐东凹陷。"十三五"以来,在松南-宝岛凹陷钻探了 ST36-2-1 井,在凹陷南部的松南低凸起钻探了 YL8-1-1 井,均获得了较好的发现。ST36-2-1 井在三亚组发现气层 19.1m,证实了松南-宝岛凹陷的生烃能力。YL8-1-1 井在崖城组发现气层 88.4m,气体样品烃类气含量为99%,证实为优质天然气藏。这两口井的钻探成功,证实了松南-宝岛凹陷松南低凸起的勘探潜力。2021 年,BD21-1-1 井在陵水组三段获高产油气流,进一步证实了宝岛凹陷北部断阶带为有利勘探目标区。松南-宝岛凹陷勘探潜力巨大,前景十分广阔。

(一)永乐气田的成功发现实现了深水东区古潜山新领域的突破

松南-宝岛凹陷天然气具备高效输导体系和长距离运移成藏条件。YL8-1-1 井天然气侧向运移距离约 40km。永乐 8-1 区能够长距离成藏主要具备 3 个地质条件:一是凹陷中崖城组成熟烃源岩供烃;二是凸起及其周缘崖城组扇三角洲、中生界风化壳以及大型入洼构造脊形成汇聚型高效输导体系;三是低凸起及缓坡带古近系三角洲砂岩储层和中新统深海—半深海相泥岩封盖形成良好的储盖组合(图 6-18)。永乐 8 区中生界潜山突破证实了深水东区成群成带分布的中生界花岗岩潜山圈闭群是深水区千亿立方米气田的又一个突破,该圈闭群总潜力达 2000 亿 m³ 以上。

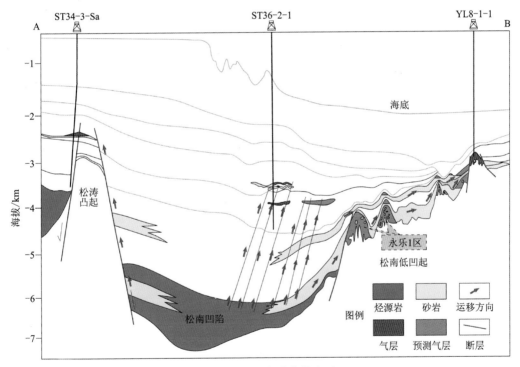

图 6-18　松南凹陷永乐 8 区天然气成藏模式图(据谢玉洪等,2020)

2019 年在松南低凸起钻探的 YL8-3-1 井在中生界花岗岩潜山中钻遇超百米优质天然气藏,测试日产天然气超百万立方米,无阻气流量超千万立方米,创中国海域潜山气藏测试产能新纪录(施和生等,2019),取得南海北部首个中生界潜山商业气田发现,开辟了琼东南盆地深水东区基岩潜山勘探新领域。

(二)BD21-1-1 井的突破证实宝岛凹陷北部断阶带为有利的勘探目标区

2021 年,部署在宝岛凹陷北部断阶带的风险探井 BD21-1-1 井在陵水组三段试获日产凝析油 200.2t,日产气 73.12 万 m^3 的高产油气流,实现了 30 多年来在深水东区勘探的首次重大突破(郭书生等,2021)。2022 年 10 月,根据储量评审结果,宝岛 21-1 气田天然气探明地质储量超 500 亿 m^3,凝析油探明地质储量超 300 万 m^3,是深水东区勘探的又一次重大突破。宝岛凹陷北部断阶带为崖城组成熟烃源岩生成的油气的有利运移指向区,构造运动、断裂活动性与供烃时机匹配,辫状河三角洲前缘储集体与沟源断裂形成垂向+短侧向高效油气输导体系,上覆多套区域盖层与各成藏要素匹配,形成优越成藏条件(图 6-19)。

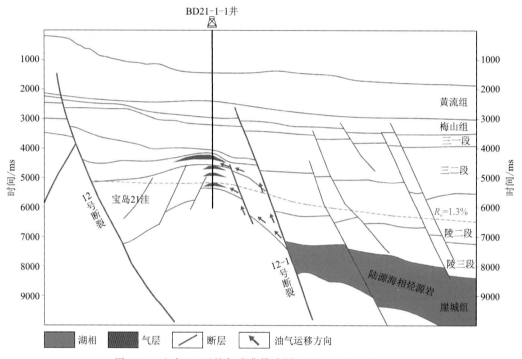

图 6-19 宝岛 21 天然气成藏模式图(据郭书生等,2021 修改)

受 12 号断裂沟通下部幔源无机成因 CO_2 影响,12 号断裂以北的神狐隆起普遍存在幔源 CO_2 充注风险(BD15 井 CO_2 含量为 97%),与 12 号断裂连接的 2-1 号断裂同样会造成北部断阶带西段宝岛 13 圈闭和宝岛 19 圈闭具有 CO_2 充注的较高风险(BD19 井等 5 口井测试 CO_2 含量均高于 50%),且西段构造位置相对较低,储层埋深在 4000m 以上,物性相对较差,圈闭类型为受复杂断层切割的断块圈闭,油气保存条件欠佳,含油气性整体较差。

BD21-1-1 井位于宝岛凹陷北部 12-1 号断裂和 12 号断裂夹持的北部断阶带,构造位置相对较高,储层埋深较小,物性相对较好。流体充注方面,一方面 12-1 号断裂作为沟源断裂为圈闭提供充足的油气供给,另一方面北部断阶带位于 12 号断裂下降盘,受 12 号断裂 CO_2 运移影响较小,钻探印证了宝岛 21 区为更有利的油气充注区域,见图 6-20。

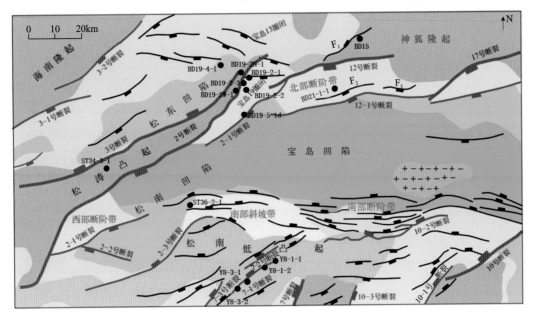

图 6-20 松南-宝岛凹陷构造区划图(据郭书生等,2021 修改)

北部断阶带东段陵三段沉积时期主要受 12 号断裂控制,广泛发育剥蚀区,冲蚀凹槽内剥蚀物聚集,为沉积物的汇集卸载提供了条件,储集性能良好的辫状河三角洲前缘储集体与上部广泛发育的厚层浅海相泥岩形成优质储盖组合。12 号断裂旋转翘倾形成构造-岩性复合圈闭,储层与沟源断裂形成垂向+短侧向的高效输导体系。在此基础上建立了北部断阶带东段成藏模式,即煤系和浅海烃源供烃、断裂-砂体垂向+短侧向输导、大型三角洲前缘储集体聚集成藏。宝岛 21-1 大气田的成功发现不仅证实了宝岛凹陷的勘探潜力,也表明在深水深层勘探技术上取得了重要突破,对类似层系的勘探具有重要的指导意义,后续深水东区勘探方向将继续寻找近凹断阶带大型储集体,勘探部署以陵三段为重点层系,同时兼顾其他层系。宝岛 21-1 气田是南海首个深水深层大型天然气田,实现了松南-宝岛凹陷半个多世纪来的最大突破,将为南海万亿大气区建设奠定坚实基础。

(三)乐东-陵水凹陷

琼东南盆地陵水 25-1 气田位于琼东南盆地乐东凹陷与陵水凹陷结合部,为中央峡谷乐东段中心黄流组浊积水道砂岩储层的构造岩性复合圈闭和梅山组湖底扇对接水道泥岩圈闭。

2019 年,LS25-1W-1 井钻遇气层 39.2m/8 层,DST 测试累计产气 646 074m^3、产油 140.8m^3,钻后陵水 25-1 气田新增干气探明地质储量 52.93 亿 m^3、凝析油探明地质储量 184.64 万 t,落实可动用天然气地质储量 134.91 亿 m^3,使陵水 25-1 气田储量动用率由 60% 提升至 87.2%(谢玉洪和高阳东,2020),动用储量经济性明显改善,有效推动了气田建产。

2020 年,通过建立层序约束沉积充填组合与多属性融合的岩性圈闭评价技术,明确了梅山组高位体系域浊积砂对接水道弱反射泥岩圈闭有效,具有较好油气成藏条件,有利勘探面积 4050km^2,天然气资源量超过 4000 亿 m^3,成功推动 LS25-1W-2 井上钻,发现气层共 41.9m,

新增天然气探明地质储量128亿 m^3,新增经济可采储量53.4亿 m^3,也在乐东-陵水凹陷梅山组海底扇领域首获规模性突破,打开了勘探新领域。梅山组海底扇天然气资源规模超500亿 m^3。

三、莺歌海盆地乐东区发现千亿立方米级天然气富集区

"十三五"以来,中海油湛江分公司面对乐东10区气藏规模不清、"双高双低"的特征:高压力、高温度、低孔隙度、低渗透率等挑战,从提升乐东10区地震资料品质、重新认识斜坡区轴向水道砂发育模式、利用高精度波形结构动态分析含气砂岩厚度等方面提高地质认识,实现了该领域天然气勘探的突破。

通过创新发展斜坡深层高温高压天然气成藏理论,建立"走滑破裂控砂、高压活化运移、热流改造成储、动态封闭盖层"的深层高温高压成藏模式,同时建立了3种不同重力驱动深水砂岩沉积模式和分布预测方法,重点攻关莺歌海盆地中新统大型重力流储集体发育的必要条件与沉积特征,明确了该区大型储集体发育规律及有利勘探区带,将乐东10-1水道体作为莺歌海高温高压领域岩性圈闭勘探的首选并获得突破。通过2018—2019年的钻探,证实了黄流组轴向水道+海底扇领域优越的天然气成藏条件,发现了乐东10区千亿立方米级天然气富集区。探明天然气地质储量为394.33亿 m^3、三级天然气地质储量为934.83亿 m^3。乐东10区千亿立方米级规模气田的发现,拓宽了莺琼盆地高温高压领域有效勘探面积,拓展了有效储层埋深下限,为莺歌海盆地天然气勘探打开一个新领域,标志着高温高压领域将成为南海天然气勘探重要靶区(谢玉洪和高阳东,2020),对类似超高温高压盆地天然气勘探具有重要参考意义。

乐东10-1气田具有"中新统烃源岩供烃、优质储盖组合保存、源储剩余压力差驱动、微裂隙垂向输导、天然气晚期充注"的成藏特征(图6-21)。

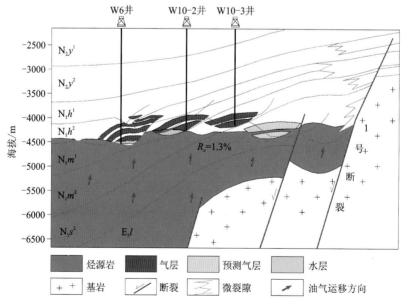

图6-21　乐东10-1气田成藏模式图(据许马光等,2021)

乐东 10-1 构造下方中新统浅海相巨厚泥岩在距今约 5.0Ma 进入生烃门限，开始大量生气,目前处于高成熟—过成熟阶段,为该构造提供了充足的天然气来源;黄流组二段水道砂岩粒度粗、厚度大,发育粒间孔、溶蚀孔等类型储集空间,与封盖性能高的浅海相泥岩形成优质储盖组合,可以有效地聚集天然气;地层孔隙流体压力增加时,左行走滑活动时期发育的微裂隙成为油气垂向运移通道。在生烃、欠压实等增压机制的共同作用下,梅山组和三亚组烃源岩与黄流组二段储层形成了源高储低的强剩余压力差,为晚期天然气充注提供强大成藏动力,有利于中新统烃源岩生成的天然气向乐东 10-1 圈闭高效运聚。

四、文昌 9-7-1 井钻遇厚油层,开拓了珠江口盆地西部找油新领域

文昌 A 凹陷位于珠江口盆地西部珠三坳陷北部偏东,勘探面积约 2670km²,石油地质资源量 2.6 亿 t,天然气地质资源量 1.7 亿 m³,整体呈现"内气外油、下气上油"的特点。通过对文昌 A 凹陷 9/10 区重点井复查与解析,勘探团队认为文昌 9-7 构造区油气显示活跃,烃源与油气运移条件优越。2020 年勘探团队采取了"围绕富洼优势油气汇聚方向领域拓展"的勘探新思路,以"断裂转换带控藏理论"为指导,围绕文昌 A 凹陷南部大型断裂转换带勘探,落实文昌 9-7 复杂断块圈团群,并在块 2 和块 1 钻探文昌 9-7-1 井和文昌 9-7-1Sa 井,分别钻获油层84.9m 和 93.7m,试油获日产近 300m³ 的高产油流,探明储量超千万立方米。该井打破了以往文昌 A 凹陷内部以气藏勘探为主的认识,开拓了珠江口盆地西部找油新领域(陈林等,2021)。

文昌 A 凹南部断裂转换带被文昌 9 洼、14 洼和 10 洼环抱,洼陷内烃源岩以生油为主,6 号断裂带与珠三南断裂带长期活动,使得凹陷中部早期生成原油不断向浅层、边缘斜坡带及周缘隆起运移,凹陷边缘生成原油向斜坡区及周缘垂向运移,形成原油聚集区(图 6-22)。

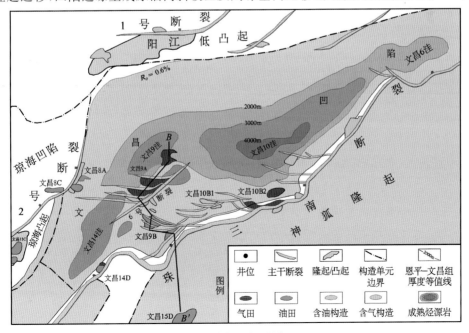

图 6-22　文昌 A 凹陷构造纲要图(据陈林等,2021)

转换带发育继承性鼻状隆起,下伏成熟烃源岩生成的原油可直接垂向运移至圈闭中成藏。该区发育似花状构造带,形成断块圈闭群,主要目的层埋深浅于3500m,主要为原油富集区,潜在资源规模大,为有利勘探区(带)。文昌9-7-1井和文昌9-7-1Sa井获得丰富油层及规模储量,分析认为,该构造后排南断裂带及神狐隆起北缘为原油运聚有利区,分别发育断块和中低幅披覆背斜圈闭群,原油潜在资源量超5000万t(陈林等,2021),文昌9-7油田成藏模式见图6-23。

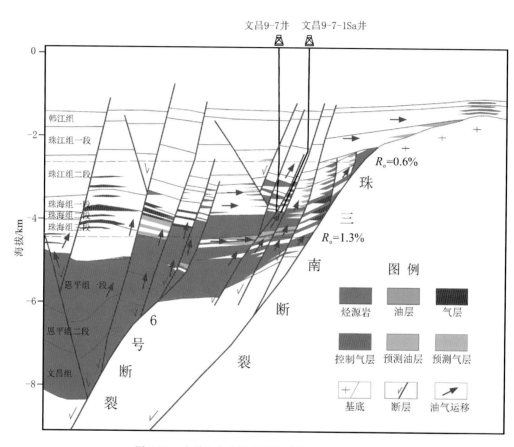

图6-23　文昌9-7油田成藏模式图(据陈林等,2021)

五、阳江东凹获商业发现,油田群初具规模

阳江凹陷位于珠江口盆地珠三坳陷北部,北与海南隆起相接,南邻文昌A洼,东邻恩平凹陷。阳江凹陷受阳江中低凸起分割,分为东、西两个次凹,阳江东凹海水深80~100m,面积约940km²,古近系自下而上发育始新统文昌组、恩平组和渐新统珠海组,文昌组虽然广泛发育深湖相优质烃源岩,但限于面积和资源规模,缺乏油气大规模长距离运移的资源条件,以源内古近系和近源新近系成藏为主。

2018年以来,在新三维地震资料的基础上,重新认识阳江东凹的洼陷结构(图6-24),落

实基底和烃源岩分布范围,分析资源潜力。资源评价结果表明阳江东凹油气总远景资源量为
3.75亿t,其中石油远景资源量为3.67亿t,天然气远景资源量为100亿m³(谢玉洪和高阳
东,2020)。恩平20洼半深湖相烃源岩在垂向叠加和平面分布上最为稳定,在整个文昌组沉
积期,缓坡三角洲和陡坡扇三角洲分布较为局限,烃源岩分布面积总体比其他洼陷广,具备潜
在的富生烃潜力,其石油远景资源量1.44亿t,占比39%。

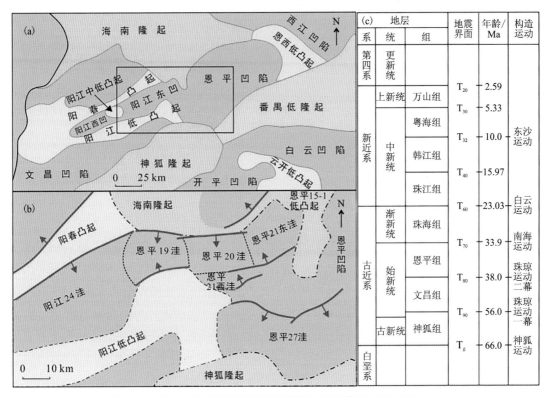

图6-24 阳江东凹地区构造单元划分及地层柱状图(据梁卫等,2021)

2019年,在重新评价阳江凹陷洼陷结构和沉积充填特征的基础上,在阳江东凹部署13口
探井,首钻恩平20-4中型油田获得成功,其中EP20-4-1d经DST测试获最大日产油778.9m³、日
产气13 184m³的高产油流;后续又发现恩平20-5中型油田和恩平20-7、21-2/21-3等6个商
业油田,其中2个为中型油田,三级石油地质储量均超6500万m³,石油探明地质储量均超
5000万m³(相当于4450万t)。由此,阳江东油田群初具规模,投产后最高年产量为272.93万m³。

六、成熟油区精耕细作再获新发现

一是依托勘探开发一体化思路,利用复杂断裂带精细刻画技术,解析复杂断裂结构控藏
机理,落实批量有利圈闭群;建立大斜度探井随钻常规＋高端仪器随钻取资料技术系列,突破
常规技术限制,从生产平台钻新块,兼顾储层评价和作业安全高效,在北部湾盆地油田群复杂
断裂带勘探开发一体化评价,新增石油探明地质储量近5000万t,实现了油田潜力资源向储

量、产量快速转化,达到了增储上产的目的,进一步揭示了涠西南油田油气成藏规律,为进一步开展滚动勘探开发积累了经验,助力北部湾盆地油田的高效实施和勘探发现。

二是采用多相耦合优质储层综合预测技术,揭示了陆丰地区古近系高石英含量的母岩类型、高能远距离的搬运过程、广泛分布的辫状河三角洲体系。通过储层预测技术,识别出深部高能、大型辫状河三角洲优质储层发育带。近年来,陆丰地区石油探明+控制地质储量超7000万 m³,日产能约为 480m³。勘探成果支撑了老油田的稳产,开辟了新层系、新区带,助力高产油田群建设,为珠江口盆地油气增储上产做出突出贡献(谢玉洪等,2020)。

第五节 主要油气田群开发项目

一、东方智能气田群全面建成

2021 年 4 月 29 日,随着位于海南省的东方气田群智能化生产操控中心并网投用,我国首个海上智能气田群——东方气田群全面建成,海上油气生产运营迈入智能化和数字化时代。

东方气田群主要生产设施位于海南岛西南部莺歌海海域,由 10 座海上生产平台、1 座陆地处理终端和数条海底油气管线组成,是中国南海西部目前产量最大的自营气田群,经过近20 年的开发建设,年产天然气量超过 57 亿 m³,是海南省最主要的民生和工业用气来源。

并网投用的智能化生产操控中心集物联网、大数据、人工智能于一体,对油气田开发生产全过程进行实时监测、预警诊断、远程操控、集成共享、协同运营和辅助决策,有力推动了海上油气田业务重构、管理流程优化、管理效率提升以及管理机制变革。气田群在"一张网"的控制下,完成了"平台自动配气、设备智能检测、机器人智能巡检",实现中心平台智能化。智能化改造使得海上平台在关停后恢复生产的时间缩短为原先的 1/6;智能配气系统可以整体分析诊断整个气田群上下游的流程工况,使气田群的配气速度较之前提升了近 10 倍;智能巡检机器人和实时监测设备比传统人工巡检具有更高的精细度和准确性,气田群的安全生产更有保障。同时,随着海上气田生产更加智能化,海上值班人员将显著减少,大量海上员工向一专多能的技术人才转变,操控中心高技术人才队伍逐渐壮大。同时,生产成本大幅降低,油气田开发生产迈向高质量发展阶段。

此次海上智能气田群的建成是中国海油数字化转型的标志性成果之一,未来中国海油将加快打造海上油气勘探开发"智慧大脑",积极通过数字化转型促进管理变革,降本增效,实现从传统管理模式向现代化、数字化、智能化的跨越,为我国海洋石油工业的高质量发展提供重要支撑。

二、"深海一号"大气田全面投产

2021年4月15日,我国首个千亿立方米自营深水大气田"深海一号"气田陵水17-2气田完成全部钻完井作业。该气田距海南省三亚市150km,于2014年勘探发现,采用半潜式生产平台＋水下生产系统(图6-25),共部署11口开发井,是我国迄今为止自主发现的平均水深最深,勘探开发难度最大的海上深水气田。13项关键创新技术和10项创新作业模式填补了我国在深水探井转开发井、深水智能采气术应用、深水智能完井等多项作业记录的空白,被视作中国海洋工程建造领域的集大成之作。

图6-25　"深海一号"气田半潜式生产平台

2021年6月25日,"深海一号"大气田在海南岛东南陵水海域正式投产,水深达1500m,最大井深达4000m以上,标志着中国海洋石油勘探开发能力全面进入"超深水时代",对保障国家能源安全、推动能源结构转型升级和提升我国深海资源开发能力具有重要意义,为建设海洋强国迈出了坚实一步。气田投产后,海上生产人员积极开展生产处理系统深度调试和工艺优化,加快天然气产能释放,每年可向粤港琼等地稳定供气30亿 m³,满足粤港澳大湾区1/4的民生用气需求,使南海天然气供应能力提升到每年130亿 m³以上,相当于海南省全年用气量的2.6倍,每年稳产凝析油24.7 万 m³,对于保障国家能源安全特别是用能比较集中的华南、华东地区意义重大。

同年11月24日,"深海一号"大气田日产天然气达到1000万 m³,提前达到了设计产量峰值,实现气田整体开发方案设计配产目标。"深海一号"气田已进入投产以来的最佳状态,达到产量峰值,所产天然气通过环绕海南岛、连通粤港两地的海底管线,在香港终端、高栏终端、南山终端分别登陆后,接入全国天然气供应体系,为保供增添"底气"。其中,高栏终端天然气外输能力从2000万 m³/d提升至2500万 m³/d,为海上气田保供粤港琼等经济热点地区提供了新的支撑。

"深海一号"大气田可带动周边新的深水气田开发,形成气田群,依托建成连通粤港澳大湾区和海南岛自由贸易港天然气管网大动脉,建成南海万亿级大气区,最大限度开发生产和输送天然气资源,有效带动周边区域经济发展和能源结构转型;同时,中海油将以"深海一号"为重要突破口,大力实施增储上产攻坚工程、科技创新强基工程和绿色发展跨越工程,在保障国家能源安全、落实天然气保供、实现科技自立自强和落实能源绿色低碳转型上展现更大作为。

三、流花 16-2 油田群全面投产

2021 年 8 月 2 日,中国海洋石油集团有限公司建设的我国首个自营深水油田群流花 16-2 油田群全面投产。这是继"深海一号"大气田投产后,我国在深水油气开发领域取得的又一重大成果。

流花 16-2 油田群位于南海珠江口盆地,距深圳东南约 250km,包括流花 16-2、流花 20-2 和流花 21-2 共 3 个油田,平均水深 412m,是我国海上开发水深最深的油田群。2022 年下半年,前两个油田顺利投产,该油田群一跃成为我国南海日产量最高的油田群,2023 年流花 21-2 油田的投产,标志着流花 16-2 油田群全面建成。全面投产后,油田群日产原油超过 1.4 万 m^3,约占我国南海东部海域油气总产量的 1/5;油田群高峰年产量超过 450 万 m^3,所产原油可满足 400 多万辆家用汽车一年的汽油消耗。截至 2023 年 7 月底,已累计生产原油超过 380 万 m^3。

为高效开发流花 16-2 油田群,中国海油采用"全水下开发模式",即通过水下生产系统开采油气,再回接到水面的"海洋石油 119"(图 6-26)浮式生产储卸油装置,无须建设常规油气田的生产平台,具有技术和经济的综合优势。

图 6-26　"海洋石油 119"船体

流花 16-2 油田群的建成投产进一步完善了我国具有自主知识产权的深水油气开发工程技术体系,为保障国家能源安全和助力粤港澳大湾区发展注入新动力。

四、陆丰 14-4 油田成功投产

2021 年 11 月 23 日,中国海洋石油集团有限公司深圳分公司位于南海东部海域的陆丰油田群区域开发项目成功投产,这是我国南海首次实现 3000m 以上深层油田的规模开发。

陆丰油田群位于南海东部海域,主要包括陆丰 14-4 油田、陆丰 14-8 油田、陆丰 15-1 油田及陆丰 22-1 油田,距离香港东南向 200 多千米,水深 140～330m。主要生产设施包括 2 座钻

采生产平台和 1 套水下生产系统,计划投产开发井 35 口,其中,生产井 26 口,注水井 9 口。高峰年产原油预计超 185 万 t,预计 2023 年将实现日产原油约 851.7t 的高峰产量。

陆丰 14-4 油田位于珠江口盆地陆丰凹陷,主力油藏深度在 3100～4300m 不等,是深层油田的代表之一;该油田为深层复杂断块低渗油田,开发成本较高,是南海东部海域迄今最难开发的油田。陆丰 14-4 油田的投产,是首次在南海东部海域采用大规模注水开发技术(通过"整体人工注水,适时储层改造,延缓产能递减"的开发策略,把处理过的海水通过注水井注入油层,以补充和保持油层压力、提高采收率,从而实现油田稳产),成功推动深层低渗油藏的规模化开发,平台高峰期每天可以处理原油 4088t,伴生天然气 8.4 万 m^3,为粤港澳大湾区能源供应安全提供坚实保障。

五、流花 29-2 气田顺利投产

2021 年 5 月 6 日,中海油深圳分公司的流花 29-2 气田顺利投产。流花 29-2 气田位于中国南海东部海域,平均水深约 750m,是中国第一个投产的自营深水气田。流花 29-2 气田所在的南海东部油田是中国海上天然气主产区之一,天然气产量已连续 3 年超过 60 亿 m^3,年供气量约占粤港澳大湾区天然气年消费总量的 1/4。该气田所产天然气通过海底管道在珠海高栏港(图 6-27)登陆,汇入陆地管网,输送至广东、香港、澳门等地,年产量将超过 4.2 亿 m^3,预计 2023 年实现高峰日产量达 115 万 m^3,可满足约 800 万居民的民生用气需求。

图 6-27　位于珠海高栏港的南海深水天然气陆地处理终端

流花 29-2 气田采用全水下开发模式,创造了多项"国内第一"。其中包括第一棵国内组装、集成和测试的深水采气树成功投用,第一次实现国产水下湿气流量计的工业化应用,第一根国产超深水脐带缆成为连接气田水下生产系统和中心平台的"生命线",以及气田项目组第一次采用连续油管进行海底管道的清管试压作业,为中国海底管道清管试压提供了新方案。

南海东部油田也是近年来深圳市工业增长的重要"引擎"。2020 年,南海东部油田保持产值和经济投资不减,全年实现油气销售收入超 300 亿元,为深圳贡献经济投资 54 亿元。随着流花 29-2 气田的投产,未来数年,南海东部油田将进一步实现天然气稳产。

第七章

长风破浪　固北拓南天地宽

当今世界,随着陆域油气资源勘探、开发的渐趋减少,海洋油气资源勘探开发已经成为全球油气勘探开发的重要组成部分,全球油气勘探开发,由陆域转向海洋并由浅海转向深海发展的总趋势已成定势。

2010—2020 年,全球共获得 101 个大型油气田的发现,可采储量 218 亿 t 油当量。其中海域发现 83 个,可采储量 181.1 亿 t 油当量,占大发现总储量的 83%,且以深水、超深水为主。以埃克森美孚公司、英国石油公司、荷兰皇家壳牌公司、道达尔公司、雪佛龙公司、挪威国家石油公司、埃尼石油公司等七大国际石油公司为例,其海外勘探大发现新增油气可采储量的 99% 位于海域,2011—2020 年间,其深水、超深水油气大发现的可采储量达 53 亿 t 油当量,占其总发现的 90%。2020 年全球海上二维地震采集占全球的 82%、三维地震采集面积占全球的 88%、勘探钻井数占全球的 32.8%,共发现油气田 65 个,合计可采储量 14.4 亿 t 油当量,占全球新增可采储量(19.3 亿 t 油当量)的 74.6%。

截至 2020 年底,全球海域共发现油气田 5742 个,在产 1338 个,其中油田 874 个、气田 464 个;剩余技术可采储量为 1 479.27 亿 t 油当量,占全球的 33.48%,较 2019 年略有下降,其原因主要是深水区(特别是超深水区)增加的剩余技术可采储量小于浅水区降低的剩余技术可采储量。海域石油剩余技术可采储量 572.64 亿 t,占全球的 23.85%,其中浅水 451.92 亿 t、深水 76.94 亿 t、超深水 43.78 亿 t;海域天然气技术剩余可采储量 107.37 万亿 m^3,占全球的 44.94%,其中浅水 88.86 万亿 m^3、深水 10.36 万亿 m^3、超深水 8.15 万亿 m^3,见表 7-1。

表 7-1　2019—2020 年不同类型海域油气剩余技术可采储量变化表

[据中国石油勘探开发研究院,《全球油气勘探开发形势及油公司动态(2021 年)》]

类型	2019 年			2020 年			变化量(变化率)/%		
	石油	天然气	油气合计	石油	天然气	油气合计	石油	天然气	油气合计
浅水	459.36	90.83	1 226.36	451.92	88.86	1 202.17	−7.44(−1.62)	−1.97(−2.17)	−24.19(−1.97)
深水	42.80	10.36	130.26	43.78	10.36	131.27	0.98(2.29)	0(0)	1.01(0.78)
超深水	76.85	7.72	142.04	76.94	8.15	145.83	0.09(0.12)	0.43(5.57)	3.79(2.67)
合计	579.01	108.91	1 498.66	572.64	107.37	1 479.27	−6.37(−1.10)	−1.54(−1.41)	−19.39(−1.29)

注:* 计量单位为石油/亿 t,天然气/万亿 m^3,油气合计/亿 t 油当量。

全球海域油气产量由 2019 年的 13 亿 t 油当量稳步增长到 2020 年的 22.45 亿 t 油当量,增长了 72.69%。2020 年,在新型冠状病毒感染疫情、世纪石油战和全球经济大衰退的冲击下,全球油气产量减少了 3.73 亿 t 油当量,同比减少 4.66%,油气产量增加的仅有海域天然气即增长 65.63 亿 m^3,同比增长 0.55%,增量主要来源于浅水区和超深水区(表 7-2)。2020 年海域油气产量 22.17 亿 t 油当量,较 2019 年减少 0.28 亿 t,同比减少 1.25%,占全球的 29.07%,其中石油产量 12.04 亿 t,占全球的 27.67%,天然气 11 997.54 亿 m^3,占全球的 30.94%,见表 7-2。

可以看出,海域新增油气储量已占据绝对主导地位,特别是随着油气地质新认识和地震技术的突破,深水区领域已成为石油公司勘探大发现的主战场,同时也为后续的海域油气资源开发奠定了良好的资源基础。

表 7-2 2019—2020 年不同类型海域油气产量变化表

[据中国石油勘探开发研究院,《全球油气勘探开发形势及油公司动态(2021 年)》]

类型	2019 年			2020 年			变化量(变化率)/%		
	石油	天然气	油气合计	石油	天然气	油气合计	石油	天然气	油气合计
浅水	8.94	10 295.69	17.63	8.51	10 363.00	17.26	−0.43(−4.81)	67.31(0.65)	−0.37(−2.10)
深水	1.91	1 309.97	3.02	1.74	1 232.42	2.78	−0.17(−8.90)	−77.55(−5.92)	−0.24(−7.95)
超深水	1.52	326.25	1.80	1.79	402.12	2.13	0.27(17.76)	75.87(23.26)	0.33(18.33)
合计	12.37	11 931.91	22.45	12.04	11 997.54	22.17	−0.33(−2.67)	65.63(0.55)	−0.28(−1.25)

注:计量单位为石油/亿 t,天然气/亿 m³,油气合计/亿 t 油当量。

中国海洋油气产业起步于 20 世纪 80 年代,发展于 90 年代,至今方兴未艾。根据国土资源部初步统计,整个南海的石油地质资源量为 230 亿～300t(相当于中国石油资源总量 881.36 亿 t 的 1/3),天然气地质资源量 20.0 万亿 m³(相当于中国天然气资源总量 52.04 万亿 m³ 的 38.43%),其中 70%蕴藏于深海区域,所以,南海特别是深海的油气资源勘探开发潜力巨大。此外,南海还发育巨量的天然气水合物(可燃冰),预测资源量 800 亿 t 油当量(自然资源部,2018)。因此海南省发展海洋油气产业的资源优势是非常突出的。

随着我国陆地油气资源产量日趋减少,地球物理(二维、三维地震,综合物探)采集数据的品质提高、钻井作业的力度加大,勘探开发技术瓶颈的攻坚克难不断深入,自主技术装备的迅猛发展,南海油气资源的“增储上产”将呈现 21 世纪新的跨越和维护领海油气资源权益的崭新局面;南海必将成为中国油气勘探、开发独具战略地位的重要战场,展现出广阔良好的前景。

第一节　南海北部区

我国在南海的油气勘探开发活动目前主要集中在南海北部的珠江口盆地、琼东南盆地、莺歌海盆地和北部湾盆地。根据《全国油气资源动态评价(2015)》等,南海北部四大近海盆地石油地质资源量 113.48 亿 t,可采资源量 40.73 亿 t,天然气地质资源量 12.58 万亿 m³,可采资源量 77 474 亿 m³。据统计,截至 2020 年底,我国南海北部四大盆地累计探明石油地质储量 15.89 亿 t,探明率为 14%,累计石油产量 3.73 亿 t,剩余技术可采储量 1.81 亿 t;探明天然气地质储量 7392 亿 m³,探明率仅 5.88%,累计天然气产量 1569 亿 m³,剩余技术可采储量 2780 亿 m³;其中 2020 年度,石油新增技术可采储量 1 686.91 万 t,采出 1 690.83 万 t;天然气新增技术可采储量 127 亿 m³,采出 123.25 亿 m³。

从表 7-3 中可以看出,南海北部区的油气资源探明率还很低,石油只探明了 14%,天然气探明率更低,只有 5.88%,绝大部分资源仍处在待探明状态。就开采来说,即使在没有新增储量的情况下,按 2020 年的开采量计算,石油剩余技术可采储量可满足 11 年开采需求,天然气则更久。

表 7-3　我国南海北部含油气盆地油气资源探采情况表

类型	地质资源量	累计探明地质储量	探明率/%	累计开采量	剩余技术可采储量	2020 年度开采量
石油	113.48	15.89	14.00	3.73	1.81	0.17
天然气	125 773	7392	5.88	1569	2780	123.25

注:计量单位为石油/亿 t,天然气/亿 m³。

一、珠江口盆地

珠江口盆地油气资源丰富,其油气地质资源量为石油 74.32 亿 t、天然气 3 万亿 m³。石油资源主要分布在珠一坳陷的惠州凹陷、陆丰凹陷、西江凹陷,东沙隆起,顺鹤隆起,地质资源量合计 41.2 亿 t,占总资源量的 55%,珠江口盆地构造区划见图 7-1。

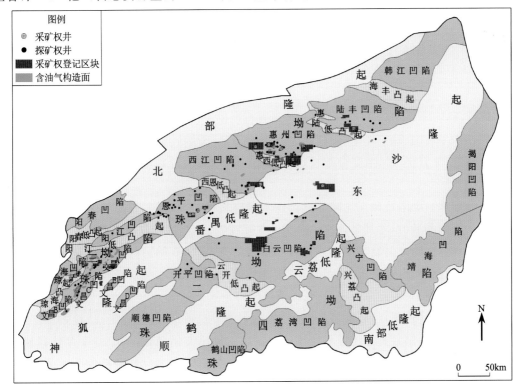

图 7-1　珠江口盆地构造区划图(据张文昭,2021 修改)

天然气资源量主要分布在珠二坳陷的白云凹陷、东沙隆起、云荔低凸起、云开低凸起,珠三坳陷的文昌 A 凹陷和珠四坳陷的荔湾凹陷,合计地质资源量约 3 万亿 m³(国土资源部油气资源战略研究中心,2017),占总资源量的 84%,见表 7-4。珠江口盆地是南海东部海域油气勘探开发的主战场,是我国重要的石油生产基地,珠江口盆地油气勘探开发受渔业养护区的影响相当突出,用海矛盾区油气地质资源量为石油 58.26 亿 t、天然气 2.33 万亿 m³,均占总地质资源量的 78%。

表 7-4　珠江口盆地天然气资源储量情况表(据《全国油气资源动态评价(2015)》)

构造单元	石油资源储量/亿 t			天然气资源储量/亿 m³		
	地质资源量	累计探明地质储量	待探明地质资源量	地质资源量	累计探明地质储量	待探明地质资源量
珠一坳陷	32.65	5.98	26.67	1168	328	840
珠二坳陷	4.62	0.21	4.41	14 747	1119	13 628
珠三坳陷	9.28	1.56	7.72	2939	178	2761
珠四坳陷	4.64	0	4.64	2646	0	2646
神狐隆起	1.11	0.12	0.99	40	24	16
番禺低隆起	2.75	0.41	2.34	962	364	598
东沙隆起	8.41	3.23	5.18	4672	24	4648
顺鹤隆起	7.52	0	7.52	0	0	0
云荔低隆起	3.34	0	3.34	2783	0	2783
合计	74.32	11.51	62.81	29 957	2037	27 920

据统计,截至 2020 年底,珠江口盆地石油勘探程度仅 15.50%,待探明地质资源量 62.81 亿 t,主要分布在珠一坳陷、珠三坳陷、顺鹤隆起和东沙隆起;天然气勘探程度只有 6.80%,待探明地质资源量 2.79 万亿 m³,主要分布在珠二坳陷、东沙隆起、云荔低隆起和珠三坳陷,总体勘探程度低。

浅水区的珠一坳陷及珠三坳陷油气勘探和研究程度相对较高,已经发现大量油气田,但尚可进一步挖掘其潜力,尤其是该区中深层油气勘探领域,具备较好的成藏地质条件,是勘探寻找古近系自生自储原生油气藏的重要勘探领域。惠州 26-6 构造的发现既坚定了"老油区新作为"的勘探信心,也坚定了"立足富洼、聚焦古近系—古潜山、拓展新领域"勘探理念引领大中型油气田发现。"古近系—古潜山"成藏组合将是惠州凹陷大中型油气田重点突破领域,也将为珠江口盆地(东部)已证实富烃洼陷,如陆丰 13 洼、番禺 4 洼、恩平 17 洼中深层"古近系—古潜山"勘探提供必要的支撑和认识依据。珠三坳陷文昌 A 凹 WC9-7-1 井钻遇珠海组厚油层,试油获日产近 300m³ 高产油流,打破了文昌 A 凹陷内部以气藏勘探为主的认识,分析认为,该构造后排南断裂带及神狐隆起北缘为原油运聚有利区,分别发育断块和中低幅披覆背斜圈闭群,原油潜在资源量超 5000 万 m³。开拓了珠江口盆地西部找油新领域。

珠江口盆地深水区具有优越的油气地质条件和巨大的勘探潜力,虽然近年来已发现一些大中型油气田,但整体勘探研究程度较低。白云凹陷浅层的珠江组和珠海组的大中型圈闭都已被钻探,下一步有利勘探方向为白云凹陷的主洼深水扇、主洼两翼、西南断阶带,在近源范围内寻找埋深相对浅的构造、构造-岩性复合甚至岩性油气藏。荔湾凹陷处于勘探初期,凹陷内发育大量珠海组低位域深水扇砂体,深水扇大型构造-岩性复合型圈闭成群成带分布,具有广阔的油气勘探潜力。

此外,白云凹陷生烃潜力大烃源供给充足,具有巨大资源潜力和油气勘探前景,该区也是南海北部天然气水合物资源富集区,位于该区的神狐海域天然气水合物勘查开采先导试验区分别于 2017 年和 2020 年成功进行了两轮天然气水合物试采,标志着我国天然气水合物资源由勘查迈向开发的历史性突破,并且实现了从"探索性试采"向"试验性试采"的重大跨越。

二、琼东南盆地

根据《全国油气资源动态评价(2015)》,结合近年来的勘探成果,琼东南盆地石油地质资源量为 14.89 亿 t,天然气地质资源量为 5.16 万亿 m^3。石油资源主要分布在华光凹陷,北部坳陷的崖北凹陷和松东凹陷,中部隆起的松涛凸起,其他单元潜力较小;天然气资源主要分布在华光凹陷,中央坳陷的乐东-陵水凹陷、松南低凸起和松南-宝岛-长昌凹陷,各单元天然气地质资源量均超过 5000 亿 m^3,累计 3.65 万亿 m^3,占总资源量的 71%,琼东南盆地构造区划见图 7-2。

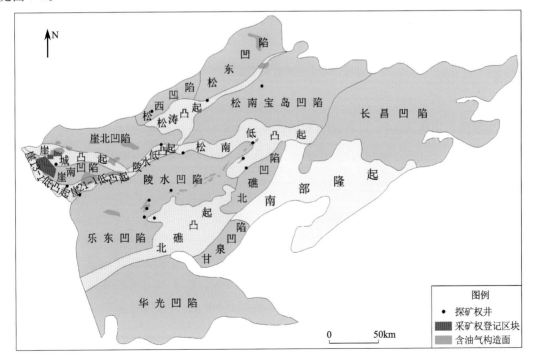

图 7-2　琼东南盆地构造区划图(据杨希冰等,2021 修改)

目前,已探明的石油天然气地质储量主要集中在中央坳陷的崖南凹陷及其周缘低凸起和乐东-陵水凹陷。其他构造单元,特别是资源主力分布区华光凹陷尚无探明地质储量,见表7-5。

表 7-5　琼东南盆地天然气资源储量情况表[据《全国油气资源动态评价(2015)》]

构造单元	石油资源储量/亿 t			天然气资源储量/亿 m³		
	地质资源量	累计探明地质储量	待探明地质资源量	地质资源量	累计探明地质储量	待探明地质资源量
北部坳陷	7.17	0	7.17	2208	0	2208
中部隆起	0.45	0	0.45	2591	33	2558
中央坳陷	0	0.15	−0.15	33 185	2552	30 633
南部隆起	0	0	0	5033	0	5033
华光凹陷	7.27	0	7.27	8590	0	8590
合计	14.89	0.15	14.74	51 607	2585	49 022

2014 年,中海油湛江分公司在深水峡谷水道沉积理论的指导下,于乐东-陵水凹陷发现陵水 17-2 大型天然气田,自营深水勘探首次获得重大突破,此后相继在中央峡谷水道探明多个天然气田,总探明油气地质储量为天然气 1820 亿 m³、凝析油 1228 万 t。截至 2020 年底,累计探明石油地质储量 1519 万 t,天然气地质储量 2585 亿 m³,石油、天然气探明率分别为 1.02%、5.01%,探明率极低;累计生产石油 162 万 t,天然气 567 亿 m³,其中 2020 年度生产石油 1.1 万 t,天然气 3 亿 m³,不过随着年产能 30 亿 m³ 的"深海一号"大气田(即陵水 17-2 气田)于 2021 年 6 月 25 日投产后,天然气产能迅速扩大,2022 年 2 月 13 日,该平台已累计生产天然气超 10 亿 m³。琼东南盆地是我国海上重要的油气富集区,具有十分广阔的勘探开发前景,军事、渔业养护区对盆地的油气勘探开发具有一定的影响,用海矛盾区油气地质资源量为石油 5.14 亿 t,天然气 0.68 万亿 m³,分别占总资源量的 34.52% 和 13.18%。

根据盆地石油地质条件、资源潜力和勘探成效等特征分析认为,琼东南盆地的有利勘探方向为:一是崖南凹陷周缘及陵水凹陷北坡、陵水低凸起周缘地区,二是深水东区的松南-宝岛-长昌凹陷,三是陵南斜坡带。

崖南凹陷周缘及陵水凹陷北坡、陵水低凸起周缘地区,区域成藏条件较好,已发现崖 13-1 气田和崖 13-4 气田,是琼东南盆地勘探的重点领域。研究认为,环崖南古近系构造圈闭带和乐东凹陷-陵水北坡中新统岩性圈闭是该区两个重点勘探区带,总天然气资源量超过 5 千亿 m³,勘探潜力大。其中环崖南区带发育有力目标 9 个,总资源潜力 3800 亿 m³;陵水北坡梅山组海底扇发育有利目标 4 个,总资源潜力 1293 亿 m³。陵水 13-2、陵水 25-1W 的成功进一步证实了海底扇体系具备优越的成藏条件,推动了周缘勘探进程,成为琼东南盆地一个新的储量增长点。

深水东区的松南-宝岛-长昌凹陷天然气总资源量超万亿立方米,勘探程度低,位于深水东西区转换带的松南低凸起,具有多凹陷环抱、发育大型输导脊远距离侧向运聚条件。2019

年钻探的Y8-3-1井取得了南海北部首个中生界潜山商业气田发现,开辟了琼东南盆地深水东区基岩潜山勘探新领域,而更靠近主凹的永乐1区和永乐7区具有更加优越的成藏条件,因此松南低凸起永乐区等整体勘探潜力巨大,松南低凸起基底潜山构造面积超过400km²,中生界潜山成藏组合是琼东南盆地深水区新的千亿立方米气田重点突破领域,主要包含松南低凸起永乐区古潜山领域及陵南斜坡带古近系大型三角洲、古潜山领域。

陵南斜坡带被富生烃、生烃凹陷围绕,烃源条件好,且发育中生界基底潜山、崖城组三角洲等多套储盖组合,同时具备"凹陷深部超压驱动、输导脊及不整合面复合输导、古近系大型三角洲砂岩储集"的天然气成藏模式,圈闭类型以构造圈闭为主,油气成藏概率高。L28/L29构造反转区为紧邻陵水富生烃凹陷的第一排构造,侧向运移距离短,崖城组发育大型辫状河三角洲储集体,具有多个断块、断鼻圈闭,为陵南斜坡带寻求突破最为有利的勘探区带,潜在天然气资源量数千亿立方米。

此外,琼东南盆地深水区具备天然气水合成藏的有利条件,成藏条件优越,具有巨大的资源潜力。油气勘探证实,琼东南盆地的深部天然气能够为天然气水合物的形成提供充足的气源供给,中央坳陷带内发育了大量气烟囱的位置,其附近海底浅层应是天然气水合物发育的重点目标区。该区同时发育丰富的浅层气,因此,具备"深部天然气+浅层气+天然气水合物"综合开发利用非常好的前景,有条件建设成为三气合采示范区的典范。

三、莺歌海盆地

根据《全国油气资源动态评价(2015)》,莺歌海盆地的天然气地质资源量约4.42万亿m³,主要分布在中央坳陷莺歌海凹陷(地质资源量约4.32万亿m³,占总资源量的97.77%)。截至2020年底,天然气累计探明地质储量约0.22万亿m³,探明率仅5.19%,待探明资源量约4.20万亿m³,主要也是分布在中央坳陷莺歌海凹陷(约4.10万亿m³),盆地有利勘探方向主要集中在中央坳陷带,见表7-6。

表7-6　莺歌海盆地天然气资源储量情况表[据《全国油气资源动态评价(2015)》]

构造单元	天然气资源储量/亿 m³		
	地质资源量	累计探明地质储量	待探明地质资源量
中央坳陷	43 222	2243	40 979
莺东斜坡	987	0	987
合计	44 209	2243	41 966

同珠江口盆地一样,莺歌海盆地也受到渔业养护区的影响,用海矛盾区天然气地质资源量为2.01万亿m³,占总资源量的45%,其构造区划见图7-3。

继2010年底在东方1-1-14探井获得日产高温高压优质高产天然气63.69万m³的成功之后,又在东方13-2气田成功获得中深部(>3000m)高温超压黄流组层系气层厚度35m、单井日产120万m³的大型(685.79亿m³)优质(甲烷90%~95%、CO_2<5%)高产天然气田,取

得了高温(145～160℃)超压(地层压力系数
1.7～1.95)中深层(2000～3500m)天然气成
藏在理论和探采技术上的重大突破,打破了
西方认为高温高压下石油、天然气成藏的
"三无"理论,标志着天然气勘探开发将逐步
迈入高温超压的新时代。

　　莺歌海盆地目前已探明天然气田7个,形
成东方、乐东两大气田群,年产能超60亿 m³,
截至2020年底累计生产天然气468亿 m³,
2020年生产48亿 m³。莺歌海盆地的勘探
成果表明,底辟构造对天然气田的形成和空
间分布有重要的影响,浅层气田沿中央底辟
带分布,中深层岩性气藏富集在底辟构造翼
部区域,盆地内天然气运聚具有"流体超压
驱动、底辟裂缝输导、重力流扇体储集、高压
泥岩覆盖、幕式脱溶成藏"的特色成藏规律,
对于盆地中深层勘探具有指导意义。中央
坳陷带的底辟带附近、与底辟输导系统侧向
相连的重力流扇体砂岩储层是中深层天然

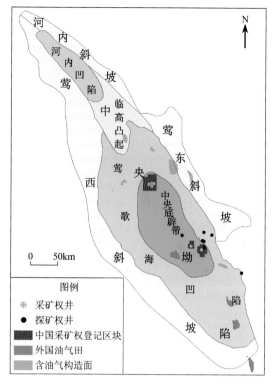

图 7-3　莺歌海盆地构造区划图

气最有利的勘探目标;非底辟带中,临近烃源岩的砂岩储层是中深层天然气成藏的最有利目
标;莺东斜坡带的勘探应以南段为主要目标、中段为次要目标。

四、北部湾盆地

　　根据《全国油气资源动态评价(2015)》及福山油田提供的资料,北部湾盆地(图7-4)的石油
地质资源量24.27亿 t。

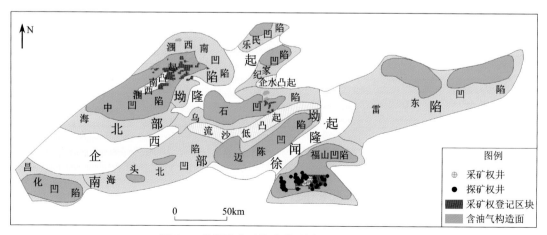

图 7-4　北部湾盆地构造单元图(据董方,2021)

截至 2020 年底,石油累计探明地质储量 4.21 亿 t,探明率 17.35%,待探明资源量 20.06 亿 t,主要分布在北部坳陷的涠西南凹陷,南部坳陷的乌石凹陷、迈陈凹陷和雷东凹陷,以及海南本岛的福山凹陷,其中北部坳陷石油待探明地质资源量 6.93 亿 t,南部坳陷石油待探明地质资源量 12.32 亿 t,见表 7-7。北部湾盆地油气勘探开发受近海渔业养护区的影响非常突出,用海矛盾区石油地质资源量为 17.77 亿 t,占总资源量的 73.22%。北部坳陷的海中凹陷,南部坳陷的迈陈凹陷和雷东凹陷待探明石油资源潜力均在 1 亿 t 以上,还是勘探开发的处女地。

表 7-7 北部湾盆地石油资源储量情况表［据《全国油气资源动态评价(2015)》］

构造单元	石油资源储量/亿 t		
	地质资源量	累计探明地质储量	待探明地质资源量
北部坳陷	10.04	3.11	6.93
企西隆起	0.81	0	0.81
南部坳陷	13.41	1.10	12.32
合计	24.26	4.21	20.06

北部湾盆地涠西南凹陷(图 7-5)为富生烃凹陷,目前已探明油田 22 个,石油累计探明地质储量 3.11 亿 t;建成投产 14 个,截至 2020 年底,累计生产石油超过 5100 万 t,2020 年生产石油超 340 万 t。

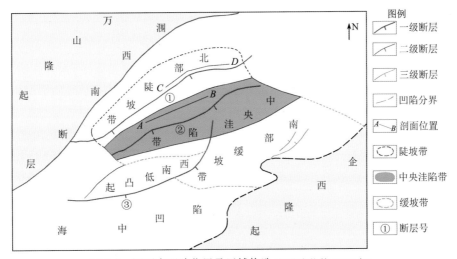

图 7-5 涠西南凹陷位置及区域构造(据董贵能等,2020 年)

涠西南凹陷勘探程度较高,处于储量发现高峰期,是南海西部油田滚动勘探开发的重点实施区,其滚动勘探模式取得了显著成效,对北部湾盆地乃至近海油气滚动勘探具有借鉴意义。涠西南凹陷 2 号断裂区域复式油气聚集,具有连片形成大油气田的条件;1 号断裂下降盘岩性圈闭成藏,是油气成藏的有利区带,有望连片含油,形成大油气田;凹陷内发育的古生界碳酸盐岩潜山勘探程度低,且目前已发现多个油气田或含油气构造(如涠洲 11-1、涠洲 5-2 等),说明潜山油气藏具有广阔的勘探前景,是北部湾盆地油气勘探的重要方向,随着物探、钻

井资料的提升和丰富，以及地质认识的深入和突破，必将带来丰厚的勘探回报。

福山凹陷(图7-6)由海南福山油田公司开展油气勘探开发作业，是北部湾盆地的生油凹陷之一，石油地质资源量3.11亿t，目前仅探明0.28亿t，探明率不足10%。

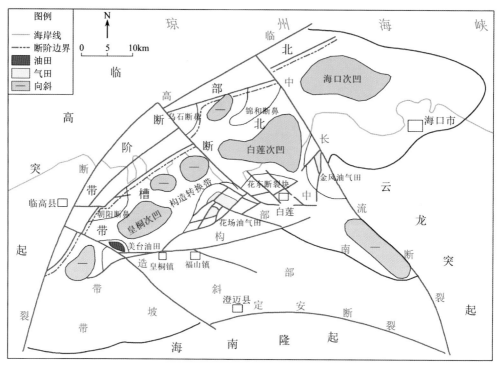

图7-6　北部湾盆地福山凹陷构造区划图(据石彦民，2007修改)

位于福山凹陷中部构造转换带的花场油气田是凹陷最大油气富集区，累计探明石油地质储量占整个凹陷的57%，2020年度产量占61%。该区油气成藏条件良好，勘探潜力巨大，是未来重点油气勘探目标区。西部洼陷带勘探目标重点考虑断块、断垒油气藏类型，东部地区深层断裂体系有利于形成油气藏，重点考虑构造油气藏。此外，中石油海南福山油田公司与中海油湛江分公司于2021—2022年在福山凹陷东北部的海口次凹实施了一口探井(福海1井)，已发现油气显示，应给予关注。

第二节　南海中南部区

南海中南部待发现油气资源潜力巨大，未来勘探前景可观，尚有多个盆地未进行实质性勘探开发，是未来油气勘探开发的潜力区。据估计，在我国主张管辖海域，南海中南部主要盆

地的石油地质资源量为 154.18 亿 t,可采资源量为 54.54 万亿 m³;天然气地质资源量为 31.76 万亿 m³,可采资源量为 23.21 万亿 m³。

石油地质资源量主要集中于中建南、文莱-沙巴、曾母和万安四大盆地,其地质资源量均超过 10 亿 t,累计为 118.09 亿 t,占南海中南部的 77%。天然气地质资源量主要分布于曾母、中建南、万安、礼乐、文莱-沙巴、北康和南薇西七大盆地,其地质资源量均超过万亿立方米,累计为 30.56 万亿 m³,占南海中南部的 96%。据统计,截至 2020 年底,我国南海中南部石油待探明地质资源量为 135.49 亿 t,主要集中在中建南盆地、曾母盆地、万安盆地和文莱-沙巴盆地,天然气待探明地质资源量为 25 811 亿 m³,主要集中在曾母盆地、中建南盆地、万安盆地和礼乐盆地,见表 7-8。此外,在南海油气富集区水深 300~3500m 的陆坡、陆隆区和西沙、南沙海槽区,蕴藏着巨量的天然气水合物资源,构成环南海天然气水合物富集区带,勘探开发前景十分可观。

表 7-8 南海中南部主要盆地油气资源探明情况及待探明资源量分布表(我国主张管辖海域)

盆地	地质资源量		探明地质储量		资源探明程度		待探明地质资源量	
	石油/亿 t	天然气/亿 m³	石油/亿 t	天然气/亿 m³	石油/%	天然气/%	石油/亿 t	天然气/亿 m³
万安	23.12	27 463	2.01	2981	8.69	10.85	21.11	24 482
曾母	29.55	165 966	4.43	46 045	14.99	27.74	25.12	119 921
北康	8.86	14 855	0.05	527	0.56	3.55	8.81	14 328
南薇西	8.76	13 382					8.76	13 382
礼乐	6.13	16 644	0.09	737	1.47	4.43	6.04	15 907
文莱-沙巴	31.70	15 274	11.76	8398	37.10	54.98	19.94	6876
中建南	33.72	51 980					33.72	51 980
南沙海槽	3.21	3271	0.04	283	1.25	8.65	3.17	2988
南薇东	0.88	897					0.88	897
九章	0.81	825					0.81	825
安渡北	0.69	708					0.69	708
永暑	0.29	294					0.29	294
北巴拉望	1.37	2178	0.44	1239	32.12	56.89	0.93	939
南巴拉望	0.92	1471					0.92	1471
笔架南	4.17	2376					4.17	2376
合计	154.18	317 584	18.82	60 210	0.12	0.19	135.36	257 374

注:地质资源量数据来自谢玉洪《中国海油近期国内勘探进展与勘探方向》(2020 年),探明地质储量据 IHS Markit 数据统计。

中建南盆地油气资源量主要集中于深水区的中部坳陷和中建坳陷,分布于深层和超深层。目前,该盆地虽有油气发现,但尚未确定地质储量规模,油气资源量均属待探明,资源潜力巨大。

曾母盆地已发现大量油气田和油气储量,深水区是油气勘探重点方向,主要位于康西坳陷北部。康西坳陷是曾母盆地最大的生烃坳陷,油气可以向西运移至西部斜坡带或向东运移到南康地台的有利构造部位成藏。这些地区具备较有利的储集条件,生储盖组合较好,同时又处于背斜或斜坡的背景,形成比较优越的远景区带。

万安盆地油气有利勘探区是北部隆起及中部坳陷,这一有利区周缘是全盆地渐新统烃源岩和中—下中新统烃源岩的主要分布区,油气成藏组合类型多。该勘探区的南段已发现了油气藏,而北段构造上属箕状坳陷的陡翼,是有利的油气成藏部位,同时拥有巨大的油气勘探潜力。

文莱-沙巴盆地目前勘探程度已相当高,但主要集中在浅水区,发现新的油气勘探区比较困难。深水区相对钻井较少,待探明资源量石油为 10.56 亿 t、天然气为 3307 亿 m^3,还有较大勘探潜力,是该盆地有利区带。

礼乐盆地已发现的油气地质储量全部位于北 1 凹陷,待发现资源量分别为石油 6.04 亿 t、天然气 15 907 亿 m^3,主要分布于北 1 凹陷,油气资源潜力大。

第三节　结论与建议

南海北部四大盆地油气资源勘探虽然已历三十余年,勘探相对成熟,但是探明程度仍然很低,石油勘探处于高峰前期阶段、天然气勘探处于早期阶段,剩余油气资源比较丰富,仍具备可持续发展的资源基础。据统计,石油资源探明程度平均为 13.99%,石油待探明资源量97.6 亿 t,探明程度相对较高的为北部湾(17.35%)和珠江口(15.49%),琼东南仅为 1.01%;天然气资源探明程度平均为 5.87%,珠江口为 6.8%,琼东南和莺歌海只有 5%,见表 7-9。21 世纪以来,世界海洋油气勘探的重心已经进入深水领域。全球已探知的近半数海洋油气资源分布在深水区,近五年全球重大油气发现近 70% 集中在大西洋两岸的多个被动陆缘深水巨型盆地,深水已经成为全球油气增储上产的主要领域。南海是我国唯一发育深水盆地的海域,水深超过 300m 的深水区面积约为 150 万 km^2,共发育 12 个主要盆地,盆地总面积约为 75万 km^2。南海北部深水区海域面积为 20 万 km^2,水深 300~3000m,发育白云凹陷、荔湾凹陷、开平凹陷、顺德凹陷、乐东-陵水凹陷、松南-宝岛凹陷、长昌凹陷等新生代凹陷,凹陷总面积约为 9 万 km^2,勘探前景广阔,潜力巨大,是我国油气最重要的战略接替区之一(米立军等,2022)。因此,南海北部主要盆地储量增长潜力仍然很大,富油气凹陷浅层是保障增储上产的

压舱石,深水深层和潜山是储量大幅增长点,潜在富烃凹陷和中生界、古生界残余盆地富烃凹陷是未来油气勘探和增储重点。

表7-9　南海北部主要盆地油气资源探明情况及待探明资源量分布表(我国主张管辖海域)

[据《全国油气资源动态评价(2015)》]

盆地	地质资源量		探明地质储量		资源探明程度		待探明地质资源量	
	石油/ 亿 t	天然气/ 亿 m³	石油/ 亿 t	天然气/ 亿 m³	石油/ %	天然气/ %	石油/ 亿 t	天然气/ 亿 m³
北部湾	24.26	—	4.21	526	17.35		20.06	
莺歌海	—	44 209		2243		5.07		41 966
琼东南	14.89	51 607	0.15	2585	1.01	5.01	14.74	49 022
珠江口	74.32	29 957	11.51	2037	15.49	6.80	62.81	27 920
合计/平均	113.47	125 773	15.88	7389	13.99	5.88	97.6	118 908

南海北部油气资源的勘探除了针对不同勘探程度、不同地质条件、不同油气成藏类型进行专项科技攻关和创新勘探认识外,还有非常重要的一点就是,如何平衡好、解决好南海油气勘探开发与生态保护的矛盾,是一个值得关注的问题。

如前述,南海北部油气勘探存在十分严重的用海矛盾问题,北部湾盆地渔业养护区石油地质资源量占总资源量的73%,珠江口盆地渔业养护区油气地质资源量占总资源量的78%,莺歌海盆地渔业养护区天然气地质资源量占总资源量的45%,琼东南盆地渔业养护区油气地质资源量分别占总资源量的35%和13%。海南岛陆域上的福山油田公司在勘探开发过程中受用地矛盾的掣肘也频繁发生。

要正确地理解和处理好地下深部的油气勘探开发与浅表层的生态保护、资源开发利用等之间的关系:一方面油气生产企业要做好勘探开发过程中的环境保护,坚决做到零污染、零排放,加强绿色矿山建设;另一方面要加大宣传力度,要认识到地下深部的油气勘探开发活动与浅表层的生态环境、人类活动只是纵向上的叠置关系,而在平面上可以做到互相兼容。相比其他矿产资源开发,油气勘探开发具有扰动相对较小、污染相对较少等特点,同时,随着生态环境保护监管力度不断加大和勘探开发技术的不断发展,能够有效控制污染物排放,进一步降低环境污染。

走进油气生产一线,我们可以看到,海上油气平台四周海水湛蓝,海洋生物没有受到任何干扰,鱼群经常利用平台遮挡来遮阴。2018年底,福山油田高标准通过由海南省自然资源和规划厅、生态环境厅和中国石油天然气股份有限公司组织的绿色矿山验收,成为中国石油首家油气田绿色矿山示范企业,充分说明油气资源完全可以在保护生态环境中开发利用,在开发利用中保护生态环境。因此,油气生产企业一方面要积极与国家发展和改革委员会、国家能源局等主管部门沟通,综合考虑能源战略安全和行业发展前景,从储量、开采条件等角度将重点海洋油气勘探开发项目纳入国家重大战略项目,争取更多的政策支持。另一方面,对于

红线内的油气勘探开发项目,在不影响生态服务功能发挥的前提下,要加强勘探手段、作业时间、开采方式、生产排污等精准管控措施的研究和落实,真正从源头上控制好环境影响与风险,实现"开发"与"保护"并重的精准平衡和有机结合,实现绿色开发。

生态环境管理部门要充分听取各方意见,给油气勘探开发让出合理空间,南海北部近海油气勘探开发的空间将大大拓展,巨大的资源潜力将得到进一步释放,转化为储量和产量。

南海远海区待发现油气资源潜力巨大,尚有多个盆地未进行实质性勘探开发,是未来油气勘探开发的潜力区。南海中南部油气勘探开发不仅仅是经济行为,需要的也不仅仅是技术装备能力。南海中南部争端所牵扯的经济、政治、外交以及军事问题众多,美国的印太战略使得南海局势更加波云诡谲,在一定程度上阻碍了我国在该区域的油气资源勘查开发。相比周边国家,中国进行南海油气资源开发要困难得多,主要原因是南海的岛礁海况条件恶劣,且与陆地距离遥远,对中国来说远海作业中的后勤保障、油气转运、安全保障等方面都是挑战。因此,张荷霞等于2013年综合了盆地的地理空间位置、资源现状与潜力、其他国家对油气盆地的招标和开采情况等诸多因素,评价了南海中南部海域油气资源开发战略价值。面对前述复杂严峻的地缘政治形势和我国开发南海中南部油气面临的挑战,我国在南海中南部的油气资源勘探开发需要采取更为灵活务实的对策策略。

首先,我国在南海油气资源的油气勘探开发应继续坚持"共同开发"战略。卢西奥·布兰科·皮特洛三世认为,菲律宾小马科斯政府在处理南海问题上,有望延续大量既有政策,继续推进中菲关系,这将成为中菲双边关系的压舱石,避免在南海的长期分歧破坏两国更广泛的关系。因此,我们可以以中菲合作为突破点,把握有利时机、选择合适区域,推动共同开发,建立南海油气勘探开发国际合作示范区,以示范区合作模式为范本进行推广,影响、辐射、带动周边国家,共同参与南海油气资源勘查开发。中国南海研究院的林杞分析了菲律宾2020年10月15日解禁的SC 59、SC 72和SC 75三个油气区块(分别位于文莱沙巴盆地、礼乐盆地和北巴拉望盆地)的历史和现状,他认为,SC 72区块调查资料最为丰富,中菲越曾在该区域开展联合调查,且域内已发现资源储量为世界级的油气田,是中菲油气勘探开发合作最被看好的区域之一;位于文莱沙巴盆地的SC 59区块和SC 75区块均已开展初步调查工作,具有较好的资源潜力,但前者合同权益更为简单,"先存权"问题易于解决,有利于中菲油气公司合作谈判;从地理位置来说,SC 72区块全部位于双方争议海域,而SC 59区块和SC 75区块均涵盖部分争议海域,以及全部位于北巴拉望盆地无争议海域的SC 57区块(另一区块)为中菲基于不同考量选择合作区提供了多种方案选项。国内科研院所和油气生产企业要加大科技攻关和技术装备研究力度,提升深远海油气勘探开发能力,在菲律宾、越南等国家不愿与中国在南海海域"搁置争议,共同开发"的情况下,在适当的时候放开政策,采取针锋相对的有效措施自主开发,凭借我国现有的海洋石油工业的综合能力和国家意志完全可以形成"相同海域,各自开发"的竞逐形势,当对方看到其单方面开发得不偿失或难以为继,只能与中方合作才有出路时,反而会对其形成真正有效的触动,迫其转向与我国寻求共同开发之路,真正促进共同开发。

其次,应通过加强有效控制,加大南海"油气"维权力度。在三沙市设立具体的行政机制和开展油气开采活动,强化中国在西南中沙群岛的行政管辖,体现基层政权在南海的存在,发

挥基层维权力量的特殊作用。以亦军亦民的形式进驻南海岛屿和岛礁,在长期居住和进行渔业生产、油气开发等生产经营性活动中体现军民融合、寓军于民的开发策略;在开发机制上适当为国有大型石油公司松绑,鼓励石油公司赴南海中南部海域作业,强化每一座石油平台就是一个"人造岛礁"或者"流动国土"的理念,加强中国在南海海域的存在;在组织形式上,采取公司制形式组建有关开发部门,具体人员可从专业或退伍的海军官兵中调配,赋予其生产性设备,实现守礁和生产相结合的策略。对既有的非法开发要实施有理、有力反制,对于在我国主张管辖海域与他国进行开发合作的外国石油公司,通过把关外资门槛,启动经济反制手段,对所涉公司在华业务进行限制和制裁。

最后,要增强海南在南海油气勘探开发中发挥的作用。海南地处南海,与南海诸岛一起共同组成了中国国家安全的天然屏障,与南海有着密切而特殊的关系,在维护我国南海海洋权益中占有重要的战略地位。海南要加快建设南海油气资源勘探开发服务保障基地,为南海油气开发提供充分的后勤保障、油气转运、物资中转、海工装备建造和维修保养等服务;要打造南海油气勘探开发产、学、研、用、创一体化条件平台,加大深海科技投入,加强深海技术的产业化培育和人才培养,提升海洋经济开发的精细化运作水平,为南海油气资源勘探开发提供开采技术装备和人员,使得海南在南海油气资源勘探开发上形成"深耕海、耕深海"的优势局面;伴随着我国在西沙海域油气的勘探与开发,还可推动建立南海中南部海域油气田开发建设协调的职能机构,统筹协调我国在南海中南部的油气勘探开发活动,维护我国海洋权益。

主 要 参 考 文 献

安德鲁•内森,罗伯特•罗斯,1997.长城与空城计:中国对安全的寻求[M].柯雄,贾宗谊,张胜平,译.北京:新华出版社.

陈林,范彩伟,刘新宇,等,2021.珠江口盆地西部文昌 A 凹陷油气富集规律与有利勘探方向[J].中国海上油气,33(5):14-23.

陈伟煌,何家雄,夏斌,2005.莺-琼盆地天然气勘探回顾与存在的主要问题及进一步勘探的建议[J].天然气地球科学,16(4):414-415.

代一丁,牛子铖,汪旭东,等,2019.珠江口盆地陆丰凹陷古近系与新近系油气富集规律的差异及其主控因素[J].石油学报,40:41-52.

董方,吴孔友,崔立杰,等,2021.北部湾盆地乌石凹陷东区构造转换带识别及其特征[J].石油地球物理勘探,56(5):1180-1189.

窦立荣,史卜庆,范子菲,2021.全球油气勘探开发形势及油公司动态[M].北京:石油工业出版社.

傅成玉,2008.当代中国海洋石油工业[M].北京:当代中国出版社.

高红芳,王衍棠,郭丽华,2007.南海西部中建南盆地油气地质条件和勘探前景分析[J].中国地质,34(4):592-598.

高阳东,汪旭东,林鹤鸣,等,2021.珠江口盆地陆丰凹陷恩平组内部构造:沉积转换面识别及意义[J].天然气地球科学,32(7):961-970.

葛家旺,朱筱敏,雷永昌,等,2021.多幕裂陷盆地构造:沉积响应及陆丰凹陷实例分析[J].地学前缘,28:77-89.

龚跃华,杨胜雄,王宏斌,等,2018.琼东南盆地天然气水合物成矿远景[J].吉林大学学报(地球科学版),48(4):1030-1042.

郭书生,廖高龙,梁豪,等,2021.琼东南盆地 BD21 井深水区天然气勘探重大突破及意义[J].中国石油勘探,26(5):49-59.

郭渊,2011.20 世纪 80 年代南海地缘形势与中国对南海权益的捍卫[J].历史教学(4):27-32.

郭渊,2011.地缘政治与南海争端[M].北京:中国社会科学出版社.

郭渊,2011.南海地缘形势与中国政府对南海权益的维护:以20世纪六七十年代南海争端为考察中心[J].太平洋学报,19(5):83-91.

郭渊,2013.20世纪90年代南海地缘形势与中国对南海权益的维护[J].当代中国史研究,20(1):27-35.

国土资源部油气资源战略研究中心,2015.全国油气资源动态评价(2015)[M].北京:中国大地出版社.

海南省西南中沙群岛办事处,2008.海南省志・西南中沙群岛志[M].海口:南海出版公司.

何家雄,李明兴,黄保家,2000.莺歌海盆地北部斜坡带油气苗分布与油气勘探前景剖析[J].天然气地球科学,11(2):1-9.

何家雄,冼仲猷,杨希冰,等,2001.莺歌海盆地莺东斜坡带油气地质条件及近期勘探领域探讨[J].中国海上油气(地质),15(4):242-247.

何家雄,张伟,卢振权,等,2016.南海北部大陆边缘主要盆地含油气系统及油气有利勘探方向[J].天然气地球科学,27(6):943-959.

胡高伟,范彩伟,潘光超,等,2019.莺歌海盆地东方13-2气田地震勘探技术应用研究[J].地球物理学进展,34(5):2037-2045.

黄保家,张泉兴,张启明,1992,莺歌海油气苗调查及其成因探讨[J].中国海上油气(地质),6(4):1-7.

黄少婉,2015.南海油气资源开发现状与开发对策研究[J].理论观察(11):91-93.

黄熠,2016.南海高温高压勘探钻井技术现状及展望[J].石油钻采工艺,38(6):737-743.

瞿剑,2018,突破南海油气开发禁区:中海油攻克超高温高压钻完井核心技术[N].科技日报,2018-02-13.

康竹林,2000.中国深层天然气勘探前景[J].天然气工业,20(5):1-4.

崔玉波,2020.南海深水油气勘探开发关键技术及装备[J].石油知识(10):12.

李凡异,张厚和,李春荣,等,2021.北部湾盆地海域油气勘探历程与启示[J].新疆石油地质,42(3):337-344.

李金明,2015.中菲礼乐滩油气资源"共同开发"的前景分析[J].太平洋学报,23(5):8.

李金蓉,朱瑛,方银霞,2014.南海南部油气资源勘探开发状况及对策建议[J].海洋开发与管理(4):12-15.

李伟,刘平,艾能平,等,2020.莺歌海盆地乐东地区中深层储层发育特征及成因机理[J].岩性油气藏,32(1):19-26.

梁卫,彭光荣,朱定伟,等,2021.珠江口盆地阳江东凹古近系构造特征与勘探潜力[J].大地构造与成矿学,45(1):168-178.

林金枝,1979.近年来外国人在南海海域进行石油勘探活动[J].南海问题研究:23-62.

林杞.菲律宾解禁的三个油气区块之历史与现状[EB/OL].http://www.nanhai.org.

cn/review_c/519.html.202.

刘雨晴,吴智平,张杰,等,2018.南海南部陆缘盆地反转构造及其油气成藏意义:以礼乐盆地北部坳陷为例[J].断块油气田,25(1):1-5.

柳广弟,牛子铖,陈哲龙,等,2019.珠江口盆地陆丰凹陷在洼陷迁移控制下的油气成藏规律[J].石油学报,40:26-40.

罗泉源,焦祥燕,胡潜伟,等,2018.乐东-陵水凹陷梅山组海底扇识别及沉积模式[A]//第十五届全国古地理学及沉积学学术会议.

米立军,周守为,谢玉洪,等,2022.南海北部深水区油气勘探进展与未来展望[J].中国工程科学,24(3):58-65.

邱中建,龚再升,1999.中国油气勘探第四卷:近海油气区[M].北京:地质出版社.

施和生,高阳东,刘军,等,2022.珠江口盆地惠州26洼"源-汇-聚"特征与惠州26-6大油气田发现启示[J].石油与天然气地质,43(4):15.

施和生,杨计海,张迎朝,等,2019.琼东南盆地地质认识创新与深水领域天然气勘探重大突破[J].中国石油勘探,24(6):691-698.

宋建欣,2020.改革开放以来中国共产党维护南海主权权益研究[D].长春:吉林大学.

天工,2020.我国海上最大高温高压气田投产[J].天然气工业,40(12):142

田立新,施和生,刘杰,等,2020.珠江口盆地惠州凹陷新领域勘探重大发现及意义[J].中国石油勘探,25(4):22-30.

王碧维,徐新德,吴杨瑜,等,2020.珠江口盆地西部文昌凹陷油气来源与成藏特征[J].天然气地球科学,31(7):980-992.

王茂君,刘保占,2021.基于生态保护红线的海洋油气勘探开发用海矛盾初探[J].海洋经济(6):62-67.

王应好,2022.南海油气勘探开发特点与展望[J].石化技术,29(4):163-164.

王振峰,孙志鹏,张迎朝,等,2016.南海北部琼东南盆地深水中央峡谷大气田分布与成藏规律[J].中国石油勘探,21(4):54-63.

王振峰,孙志鹏,朱继田,等,2015.南海西部深水区天然气地质与大气田重大发现[J].天然气工业,35(10):11-20.

文艺,2020.陆丰凹陷文昌组砂岩有利储层成因[D].成都:成都理工大学.

吴迅达,廖晋,孙文钊,等,2021.莺歌海盆地天然气运聚成藏条件与分布富集规律[J].地质力学学报,27(6):963-974.

谢玉洪,高阳东,2020.中国海油近期国内勘探进展与勘探方向[J].中国石油勘探(1):20-30.

谢玉洪,黄保家,2014.南海莺歌海盆地东方13-1高温高压气田特征与成藏机理[J].中国科学:地球科学,44(8):1731-1739.

谢玉洪,张迎朝,徐新德,等,2014.莺歌海盆地高温超压大型优质气田天然气成因与成藏模式:以东方13-2优质整装大气田为例[J].天然气工业,26(2):1-5.

许马光,范彩伟,张丹妮,等,2021.莺歌海盆地乐东01超高温高压气藏形成条件及成藏模式[J].天然气工业,41(11):43-53.

杨川恒,2000.中国近海油气勘探历程回顾[J].中国海上油气(地质),14(4):219-224.

杨海长,陈莹,纪沫,等,2017.珠江口盆地深水区构造演化差异性与油气勘探意义[J].中国石油勘探,22(6):59-68.

杨计海,杨希冰,游君君,等,2019.珠江口盆地珠三坳陷油气成藏规律及勘探方向[J].石油学报(A01):11-25.

杨希冰,周杰,杨金海,等,2021.琼东南盆地深水区东区中生界潜山天然气来源及成藏模式[J].石油学报,42:283-292.

杨莹,2016.中国海洋石油勘探开发史简析[D].北京:中国地质大学(北京).

张波,陈晨,2004.我国南海石油天然气资源特点及开发利用对策[J].特种油气藏(6):5-8.

张荷霞,刘永学,李满春,等,2013.南海中南部海域油气资源开发战略价值评价[J].资源科学,35(11):2142-2150.

张强,吕福亮,贺晓苏,等,2018.南海近5年油气勘探进展与启示[J].中国石油勘探,23(1):54-60.

张晟,2020.越南在南海油气侵权活动的新动向及中国的应对[J].边界与海洋研究,5(1):111-123.

张文昭,张厚和,李春荣,等,2021.珠江口盆地油气勘探历程与启示[J].新疆石油地质,42(3):346-352.

郑怡君,2018.中国政府对南海权益的维护(1949—1984)[D].武汉:武汉大学.

钟铿,潘其云,1997.北部湾北部海上油田发现历程[J].广西地质,10(2):58-61.

周子云,2017.南海岛屿冲突各方在南海的油气开发现状及动因研究[D].广州:暨南大学.

朱筱敏,葛家旺,吴陈冰洁,等,2019.珠江口盆地陆丰凹陷深层砂岩储层特征及主控因素[J].石油学报,40:69-80.

左倩媚,李俊良,裴健翔,等,2019.南海礼乐盆地新生代构造层序界面特征及油气地质意义[J].沉积与特提斯地质,30(2):60-68.

《中国油气田开发志》总编纂委员会,2011.中国油气田开发志[M].北京:石油工业出版社.

ZHONG G J,FENG C M,WANG Y L,et al.,2022.Fault-bounded models of oil-gas and gas-hydrate accumulation in the Chaoshan Depression,the South China Sea[J].Frontiers in Earth Science,10:123-134.